测绘地理信息知识丛书（六）

2000 国家大地坐标系实用手册
Practical Manual on CGCS2000

成英燕　王　华　徐彦田　马维军
毛　曦　文汉江　秘金钟　程鹏飞　编著

测绘出版社
·北京·

图书在版编目(CIP)数据

2000 国家大地坐标系实用手册 / 成英燕等编著.
北京 : 测绘出版社,2024.1
(测绘地理信息知识丛书. 测绘系列)
ISBN 978-7-5030-4497-7

Ⅰ. ①2… Ⅱ. ①成… Ⅲ. ①大地坐标系－中国－手
册 Ⅳ. ①P226—62

中国国家版本馆 CIP 数据核字(2023)第 244082 号

2000 国家大地坐标系实用手册
2000 Guojia Dadi Zuobiaoxi Shiyong Shouce

责任编辑	安 扬		封面设计	李 伟	责任印制	陈姝颖
出版发行	测绘出版社		电 话		010－68580735(发行部)	
地 址	北京市西城区三里河路 50 号				010－68531363(编辑部)	
邮政编码	100045		网 址		https://chs.sinomaps.com	
电子信箱	smp@sinomaps.com		经 销		新华书店	
成品规格	148mm×210mm		印 刷		北京建筑工业印刷有限公司	
印 张	4.875		字 数		130 千字	
版 次	2024 年 1 月第 1 版		印 次		2024 年 1 月第 1 次印刷	
印 数	0001－1000		定 价		48.00 元	
书 号	ISBN 978-7-5030-4497-7					
审 图 号	GS 京(2023)2390 号					

本书如有印装质量问题,请与我社发行部联系调换。

前　言

我国曾经建立了 1954 北京坐标系、1980 西安坐标系和新 1954 北京坐标系。这些坐标系的建立均采用了当时的先进技术,代表了我国当时的整体科技发展水平,为我国经济建设、国防建设和社会发展做出了不可或缺的贡献。但受限于当时的科技水平,这些坐标系均为参心坐标系。为了适应社会经济和科学技术发展的需要,世界上许多国家和地区开始采用地心坐标系。为了更好地保障和促进国防建设、经济建设和社会发展,自 2003 年开始,国家测绘局会同总参测绘局在对国务院和军队部门等进行调研的基础上,提出了建立我国地心坐标系的方案,其中文名称为 2000 国家大地坐标系,英文名称为 China Geodetic Coordinate System 2000,英文缩写为 CGCS2000。

2008 年 3 月,由国土资源部正式上报国务院《关于我国采用 2000 国家大地坐标系的请示》,并于 2008 年 4 月获得国务院批准。自 2008 年 7 月 1 日起,我国启用 2000 国家大地坐标系,由国家测绘局受权组织实施。

2008 年 6 月 18 日,国家测绘局发布第 2 号公告,我国自 2008 年 7 月 1 日起在全社会正式启用 2000 国家大地坐标系。同年 7 月 17 日向社会发布《关于印发启用 2000 国家坐标系实施方案的通知》,用以指导各部门各类测绘产品的转换。2018 年 12 月 14 日,自然资源部发布第 55 号公告,自 2019 年 1 月 1 日起,全面停止向社会提供 1954 北京坐标系和 1980 西安坐标系基础测绘成果。

本书作者团队自 2000 国家大地坐标系酝酿、启用至今,一直从事国家大地坐标系建立与维持理论方法的研究,制定了一系列面向全国的 2000 国家大地坐标系的推广应用规范、指南、规定、标准,并研发了一系列坐标转换软件,负责实施了全国国土资源及矿产空间数据、中国地质调查局地质空间数据,以及广东、江西、内蒙古、安徽、云南、山东等省份国土资源空间数据的转换工作,并为自然资源部等 10 个部委和全国 31 个省级自然资源主管部门提供技术支持,累计培训了上千名技术人员。

本书作者团队根据多年的理论研究与工程实践经验,就 2000 国家大地坐标系的建立、维持与应用,撰写了《2000 国家大地坐标系实用宝典》《2000 国家大地坐标系建立的理论与方法》和《国家大地坐标系建立的理论与实践》等专著。2000 国家大地坐标系在启用过程中,会涉及各类政策法规、坐标系、地图及基础地理信息数据库的基本概念,使用者会产生与现有成果的转换方法、2000 国家大地坐标系的实施、2000 国家大地坐标系下成果的提供等与实际应用相关的疑问。本书作者团队根据这些问题,结合近年有关的工程实践经验,撰写了本书,力图为相关技术人员提供一本可方便查询的"手册"。

本书共分五部分。第一部分为政策法规篇,主要解答了 2000 国家大地坐标系实施中的常见疑问;第二部分为坐标系统篇,内容包括坐标系、坐标参考框架的基本概念,国际地球参考系统、国际地球参考框架的基本概念,以及全球导航卫星系统等;第三部分为框架维持篇,内容包括坐标参考框架涉及的板块运动模型、坐标参考框架产品等;第四部分为地图制图篇,内容包括地图制图中所涉及的基本概念、理论方法、技术实践;第五部分为空间数据篇,主要内容包括地理信息数据模型及各类空间数据库的建立与转换方法等。

本书是在《2000 国家大地坐标系实用宝典》的基础上,根据近几年2000 国家大地坐标系的推广应用实践经验及国际参考框架更新技术发展情况,增加了新的参考框架进展内容。

本书在撰写过程中得到国家重点研发项目(2016YFB0501405)的资助。

本书力求全面地阐述在 2000 国家大地坐标系的实施进程中需要了解的理论、方法,但由于时间和编写水平有限,难免有不当之处,恳请读者批评指正。

目　录

政策法规篇

坐标系统篇

空间数据篇

政策法规篇

1. 为什么要采用 2000 国家大地坐标系

受当时科技水平的限制,我国参心坐标系(1954 北京坐标系和 1980 西安坐标系)所采用的坐标系原点、坐标轴方向等,均与现代大地测量手段测定的结果存在较大差异。其原点与地球质量中心(质心)有较大的偏差,坐标系下的大地控制点的相对精度仅有部分点能达到 10^{-6},这导致先进的对地观测技术所获取的测绘成果在使用时会有精度损失,而且参心坐标系只能提供二维的点位坐标,无法全面满足当今气象、地震、水利、交通等部门对高精度测绘地理信息服务的要求。并行使用两个国家大地坐标系给实际应用带来很多问题,如两个国家大地坐标系之间的转换造成测绘成果的精度损失,不同坐标系下相邻地形图的拼接误差较大。因此,参心坐标系已不适应我国经济发展的需要。

二十世纪八九十年代以来,随着空间技术的兴起和发展,地心坐标系的应用日益广泛,目前利用空间技术所得到的定位和影像等成果,都以地心坐标系为参照系。采用空间大地测量技术可以快速获取精确的三维地心坐标,可以大幅度提高测量精度(地心坐标框架的相对精度为 $10^{-7}\sim10^{-8}$,比参心坐标框架的精度高 10 倍左右)。空间技术的成熟发展与广泛应用迫切需要国家提供高精度、动态、实用、统一的大地坐标系,作为各项社会经济活动的基础性保障。我国启用地心坐标系——2000 国家大地坐标系,就是为了更好地阐明地球上各种地理和物理现象,特别是空间物体的运动,并充分利用现代最新科技成果,为国家信息现代化服务。国外采用地心坐标系的国家及地区有美国、加拿大、墨西哥、澳大利亚、新西兰、日本、韩国、菲律宾、印度尼西亚以及欧洲和南美洲等。

2. 2000 国家大地坐标系启用及参心坐标成果停止使用的规定

2008 年 6 月 18 日,国家测绘局发布第 2 号公告:根据《中华人民共和国测绘法》,经国务院批准,我国自 2008 年 7 月 1 日起,启用 2000

国家大地坐标系。2000 国家大地坐标系与现行国家大地坐标系转换、衔接的过渡期为 8～10 年。现有各类测绘成果,在过渡期内可沿用现行国家大地坐标系;2008 年 7 月 1 日后新生产的各类测绘成果应采用 2000 国家大地坐标系。现有地理信息系统,在过渡期内应逐步转换到 2000 国家大地坐标系;2008 年 7 月 1 日后新建设的地理信息系统应采用 2000 国家大地坐标系。

2018 年 12 月 14 日,自然资源部发布第 55 号公告:自 2019 年 1 月 1 日起,全面停止向社会提供 1954 北京坐标系和 1980 西安坐标系基础测绘成果。

3. 采用 2000 国家大地坐标系对原地形图图廓的影响

大地坐标系是测制地形图的基础,大地坐标系的改变必将引起地形图要素的位置变化。我国参心坐标系的原点偏离地球质心超过 100 m,无论是 1954 北京坐标系还是 1980 西安坐标系下的地形图,在采用地心坐标系后都需要进行适当改正。实际计算结果表明,在 $56°N～16°N$ 和 $72°E～135°E$ 范围内若不考虑椭球的差异,1954 北京坐标系下的地形图转换到 2000 国家大地坐标系下时,其图幅平移量 X 方向为 $-29～-62$ m,Y 方向为 $-56～+84$ m;1980 西安坐标系下的地形图转换到 2000 国家大地坐标系下时,其图幅平移量 X 方向为 $-9～+43$ m,Y 方向为 $+76～+119$ m。因此,坐标系转换后,在 1：25 万及更大比例尺地形图中点(含图廓点)的地理位置的改变值已超过制图精度,必须重新给予标记。对于 1：50 万及 1：100 万地形图,由坐标系转换引起的图廓点坐标的变化仍在制图精度内,可以忽略其影响。

实际计算结果表明,由坐标系转换引起的各种基本比例尺地形图的任意两点的长度(包括图廓线的长度)和方位变化量在制图精度内,可以忽略不计。也就是说,采用地心坐标系时,只移动图幅的图廓点,而图廓线与原来的图廓线平行即可,且坐标系变更不改变图幅内任意两地物之间的位置关系。

4. 2000 国家大地坐标系与参心坐标系有什么不同

2000 国家大地坐标系是地心坐标系,与参心坐标系的不同主要体现在坐标系的定义和实现技术上。具体为:

(1)椭球定位方式不同。参心坐标系是为了研究局部地球形状,在将地面测量数据归算至椭球时各项改正数最小的原则下,选择与局部区域的大地水准面最为吻合的椭球所建立的坐标系。例如,1980 西安坐标系在全国范围内,参考椭球面与大地水准面符合得很好,高程异常为零的两条等值线穿过我国东部和西部,大部分地区的高程异常在 20 m 以内,它对距离的影响小于 1/300 000。但参心坐标系未与地球质心发生直接联系,因此其不利于研究地球形状和板块运动等,也无法建立全球统一的大地坐标系。2000 国家大地坐标系为地心坐标系,它所定义的椭球中心与地球质心重合,且椭球面与全球大地水准面最为密合。但是因地球形状的不规则与质量分布的不均匀,与全球大地水准面吻合的椭球则与局部地区大地水准面吻合得不一定很好。

(2)实现技术不同。我国参心坐标系采用传统的大地测量手段,即测量框架点之间的距离和方向,经平差得到各点相对于起始点的位置,由此确定各点在参心坐标系下的坐标值。2000 国家大地坐标系框架点是通过空间大地测量观测技术测得各点在 ITRF97 下的地心坐标值。

(3)维数不同。参心坐标系为二维坐标系 (x,y) 或 (B,L),2000 国家大地坐标系为三维坐标系 (X,Y,Z) 或 (B,L,H)。

(4)原点不同。参心坐标系原点与地球质心不重合,2000 国家大地坐标系原点与地球质心重合。

(5)精度不同。受当时客观条件的限制,且缺乏高精度的外部控制,参心坐标框架相对精度为 $10^{-5} \sim 10^{-6}$,而 2000 国家大地坐标框架相对精度为 $10^{-7} \sim 10^{-8}$。

5. 坐标转换模型如何选取

坐标转换模型主要作用于测量控制点,即以一定精度测定其位置,为其他测绘工作提供可作为依据的固定点。在局部区域坐标转换过程中建议采用的模型(表1)包括:

(1)布尔莎模型。用于不同地球椭球基准下空间直角坐标系间的坐标转换,涉及七个参数,即三个平移参数、三个旋转参数和一个尺度参数。

(2)二维七参数转换模型。用于不同地球椭球基准下大地坐标系间的坐标转换,涉及三个平移参数、三个旋转参数和一个尺度参数。

(3)三维七参数转换模型。用于不同地球椭球基准下大地坐标系间的坐标转换,涉及三个平移参数、三个旋转参数和一个尺度参数,同时需顾及两种大地坐标系所对应的地球椭球长半轴和扁率差。

(4)三维四参数转换模型。用于局部区域内不同地球椭球基准下空间直角坐标系间的坐标转换,涉及三个平移参数和一个旋转参数。

(5)二维四参数转换模型。用于较小范围内不同高斯-克吕格投影平面坐标的转换,涉及两个平移参数、一个旋转参数和一个尺度参数。对于三维坐标,需将坐标通过高斯-克吕格投影变换至平面坐标,再计算转换参数。

(6)多项式拟合模型。不同范围的坐标转换均可用多项式拟合模型,有椭球面和平面两种形式。椭球面多项式拟合模型适用于全国或大范围的拟合,平面多项式拟合模型多用于相对独立的平面坐标系转换。

表 1 转换到 2000 国家大地坐标系时可选用的坐标转换模型

坐标系	坐标类型	转换模型	适用区域范围
1980 西安坐标系	大地坐标	三维七参数转换模型	椭球面 3°及以上的全国及省级范围
		二维七参数转换模型	
		椭球面多项式拟合模型	
	空间直角坐标	布尔莎模型	全国及省级范围
		三维四参数转换模型	2°以内局部区域
	平面坐标	二维四参数转换模型	局部区域

坐标系	坐标类型	转换模型	适用区域范围
1954 北京坐标系	大地坐标	三维七参数转换模型	椭球面 3°及以上的全国及省级范围
		二维七参数转换模型	
		椭球面多项式拟合模型	
	空间直角坐标	布尔莎模型	全国及省级范围
		三维四参数转换模型	2°以内局部区域
	平面坐标	二维四参数转换模型	局部区域
相对独立的平面坐标系	平面坐标	二维四参数转换模型	局部区域
		平面多项式拟合模型	局部区域

6. WGS-84 下的坐标成果是否可视为 2000 国家大地坐标系下的成果

WGS-84 与 2000 国家大地坐标系的定义区别较小,但因实现的方式不同,解算的坐标对应的历元不同,严格地说不能等同。主要差别在于:WGS-84 是动态实现的,其坐标与观测时刻相关联;而 2000 国家大地坐标为静态坐标,参考历元为 2000.0。两个坐标系的差异会随着时间演进不断变大。截至 2020 年,两个坐标系的差异在我国陆域内平均约为 60 cm,西部差异更大,最大为 120 cm。实际应用时应根据精度要求确定是否需要转换,如以经纬度表示且只需精确到角秒时,可不进行转换,成果视为 2000 国家大地坐标系下的成果,仅对数据成果中相应坐标系属性进行更改;否则需要顾及板块运动并按框架的严格转换关系进行转换。各省(区、市)已建立的 WGS-84 下的全球导航卫星系统(GNSS)大地控制网的坐标成果不能直接视为 2000 国家大地坐标系下的成果,需要转换为 2000 国家大地坐标系成果。

7. ITRF97 之后的坐标成果是否需要转换

需要转换。ITRF97 之后的坐标成果与 ITRF97 的坐标差异主要受板块运动的影响,如 2020 年国际地球参考框架(ITRF)下坐标与

2000 国家大地坐标的差异已达分米级。以国际导航卫星系统服务(IGS)上海站(SHAO)为例,不进行转换时不同框架、不同历元下同一个站点的坐标差异较大(表 2),转换后精度在毫米级,因此要获得高精度的 2000 国家大地坐标,必须进行转换。

表 2　不同框架下同一站点(SHAO)坐标及转换后坐标情况比较

框架	X/m	Y/m	Z/m	历元
ITRF2005	−2 831 733.356	4 675 666.004	3 275 369.484	2000.0
ITRF2000	−2 831 733.268	4 675 666.039	3 275 369.521	1997.0
ITRF97	−2 831 733.266	4 675 666.049	3 275 369.508	1997.0
ITRF2005 转 ITRF2000	−2 831 733.266	4 675 666.037	3 275 369.520	1997.0
ITRF2000 转 ITRF97	−2 831 733.261	4 675 666.045	3 275 369.503	1997.0

同样,若不对国内其他国际导航卫星系统服务站的坐标进行转换,坐标差异也会达到分米级,所以在其他框架下的坐标成果必须转换到 2000 国家大地坐标系下。

转换时需注意:在不同历元下进行 ITRF 转换时,站的速度场起主要作用,因此,若所确定的速度场不准确,转换结果会受到很大的影响。而在相同历元下对不同框架的转换起主要作用的是框架之间的转换关系。

8. 省(区、市)GNSS 大地控制网如何转换到 2000 国家大地坐标系

省(区、市)GNSS 大地控制网包括 C、D、E 级大地控制网,下面以 GNSS C 级大地控制网为例,说明转换方法。

按板块运动改正的方式进行转换时,先确定 C 级点所在的框架和瞬时历元坐标,并按以下方法归算到 2000 国家大地坐标系下:

(1)速度场计算。如果待转换点有速度值,则采用自身的速度场;若没有确定的速度,则根据 2000 国家大地坐标系板块运动模型(CPM-CGCS2000)及格网速度场模型计算 C 级点的速度。

(2)板块运动改正。根据观测历元与需转换历元的历元差及站运动速度,求由板块运动引起的现框架所对应历元的坐标变化值,进行板

块运动改正。

将地心参考系中的实测运动速度 (V_X,V_Y,V_Z) 转换为站心坐标系下的站水平运动速度 (V_e,V_n)，即

$$\begin{bmatrix} V_e \\ V_n \end{bmatrix} = \begin{bmatrix} -\sin\lambda & \cos\lambda & 0 \\ -\sin\varphi\cos\lambda & -\sin\varphi\sin\lambda & \cos\varphi \end{bmatrix} \begin{bmatrix} V_X \\ V_Y \\ V_Z \end{bmatrix}$$

$$\begin{bmatrix} B_{t_2} \\ L_{t_2} \end{bmatrix} = \begin{bmatrix} B_{t_1} \\ L_{t_1} \end{bmatrix} + (t_2 - t_1)\begin{bmatrix} V_n \\ V_e \end{bmatrix}$$

式中，t_1 为原参考历元，t_2 为需转到的参考历元。

(3)建立站心坐标系所在框架与 2000 国家大地坐标系框架的转换关系。根据公布的在特定历元下不同 ITRF 之间的转换关系(包括平移参数、旋转参数、尺度参数七个参数及它们的变率)，推算和确定框架点所基于的 ITRF 与 2000 国家大地坐标系框架之间的严格转换关系，将 C 级点的坐标转换到 2000 国家大地坐标系下，即

$$\begin{bmatrix} X_S \\ Y_S \\ Z_S \end{bmatrix} = \begin{bmatrix} X \\ Y \\ Z \end{bmatrix} + \begin{bmatrix} T_1 \\ T_2 \\ T_3 \end{bmatrix} + \begin{bmatrix} D & -R_3 & R_2 \\ R_3 & D & -R_1 \\ -R_2 & R_1 & D \end{bmatrix}\begin{bmatrix} X \\ Y \\ Z \end{bmatrix}$$

式中，(X,Y,Z) 为在其他 ITRF 下的坐标，由改正后的 (B,L,H) 转换而来；(X_S,Y_S,Z_S) 为 2000 国家大地坐标系框架下的坐标。将参考历元下的七参数，顾及参数的变化速度计算得到 2000.0 历元下的七参数，按上式进行转换。

9. 相对独立的平面坐标系是否需要转换

不需要，但必须建立与 2000 国家大地坐标系之间的联系。为减少误差，最好建立基于 2000 国家大地坐标系的相对独立的平面坐标系。

10. 相对独立的平面坐标系如何建立与 2000 国家大地坐标系的联系

相对独立的平面坐标系下的测绘产品,可通过 1980 西安坐标系或 1954 北京坐标系与 2000 国家大地坐标系的坐标转换关系,建立相对独立的平面坐标系与 2000 国家大地坐标系的联系。先经过投影变换将相对独立的平面坐标系下的控制点坐标归算到参心国家大地坐标系下,再经过坐标转换获取其在 2000 国家大地坐标系下的坐标。

坐标转换模型要同时适用于地方控制点的转换和城市数字地图的转换。一般采用二维四参数转换模型,重合点较多时可采用多项式拟合模型。当相对独立的平面坐标系控制点和数字地图均为三维地心坐标时,采用布尔莎模型。坐标转换中误差应小于 0.05 m。

11. 采用 2000 国家大地坐标系后投影方式有无改变

2000 国家大地坐标系的平面坐标投影仍采用高斯-克吕格投影,海图仍采用通用横墨卡托投影(UTM)。

12. 已毁坏的控制点坐标成果是否仍然有用

对于已毁坏的国家天文大地网控制点,虽然点位标志不存在,但这些控制点在参心坐标系和 2000 国家大地坐标系下的坐标成果仍然可作为不同坐标系下的坐标成果,用来求取与 2000 国家大地坐标系之间的转换参数,完成参心坐标系下相应成果的转换。

各省(区、市)在 1954 北京坐标系或 1980 西安坐标系下建立的测绘产品数据库,可通过与 2000 国家大地坐标系重合的控制点坐标成果(一、二、三、四等国家天文大地网坐标成果)进行转换参数的计算,完成本省(区、市)测绘成果数据库的转换。

13. 转换到 2000 国家大地坐标系需要哪些测绘成果

将在 1954 北京坐标系及 1980 西安坐标系下的测绘产品转换到 2000 国家大地坐标系,需要的测绘成果包括:1954 北京坐标系向 1980 西安坐标系转换 1:1 万图幅改正量成果(平面坐标 dx、dy),1980 西安坐标系向 2000 国家大地坐标系转换 1:1 万图幅改正量成果(平面坐标 dx、dy 或大地坐标 dB、dL)。

将在 1954 北京坐标系及 1980 西安坐标系下的测绘产品采用坐标转换模型进行转换,需要的 2000 国家大地坐标系成果包括:2000 国家大地坐标系下一、二等国家天文大地网坐标成果,2000 国家大地坐标系下三、四等国家天文大地网坐标成果。

将由不同观测时间采用卫星定位技术获得的坐标成果转换到 2000 国家大地坐标系下,需要速度场成果或板块运动模型。

14. 测绘地理信息服务部门对外提供哪些技术支持和技术服务

自然资源部测绘地理信息服务部门提供点位坐标转换、全国 1980 西安坐标系向 2000 国家大地坐标系转换 1:1 万图幅改正量成果、1:5 万及以下的比例尺的地理信息数据库转换成果、坐标转换软件。应用部门可依据上述成果,对各类专属数字产品进行坐标转换。

坐标系统篇

15. 坐标系

坐标系是定义坐标如何实现的一套理论方法,包括原点、基本平面和坐标轴的指向,同时还包括基本的数学和物理模型。

坐标系根据原点位置,可分为参心坐标系、地心坐标系、站心坐标系。这三种坐标系都与地球固连在一起,与地球同步运动,因而都是地固坐标系。另外,原点在地心的地固坐标系称为地心地固坐标系。与地固坐标系相对应的是与地球自转无关的天球坐标系和惯性坐标系。

坐标系从其表现形式上可分为空间直角坐标系、空间大地坐标系、站心直角坐标系、极坐标系和曲面坐标系等。从维数上可分为二维坐标系、三维坐标系、多维坐标系等。

16. 地理坐标

地理坐标是用经度、纬度表示地面点位置的球面坐标。地理坐标系以地轴为极轴,所有通过地球南北极的平面,均称为子午面。子午面与地球椭球面的交线,称为子午线或经线。通过伦敦格林尼治天文台原址的经线称为 $0°$ 经线,也称本初子午线。向东 $0°\sim180°$ 为东经,向西 $0°\sim180°$ 为西经;所有垂直于地轴的平面与地球椭球面的交线,称为纬线。纬线是半径不同的圆,其中半径最大的纬线圈称为赤道。纬线上标注的度数就是纬度;赤道纬度为 $0°$,赤道以北为北纬,以南为南纬。纬度是地理坐标中的横坐标,经度是纵坐标。在大于 1∶10 万比例尺地形图上,地理坐标网以图廓形式表现,图廓四角标记经纬度数值,内外图廓间绘有分度带;在小于 1∶20 万比例尺地形图上,一般都直接绘有地理坐标格网,并标注相应的经纬度数值,以此确定地区或地面点的地理位置。

17. 参考系

参考系是在一定观测时间内由特定类型观测量推导点位坐标所用的理论、方法、模型和常数的总称。一个参考系包括:一组模型和常数,一套理论和数据处理方法。

　　测量中常用的国际地球参考系统是由国际地球自转和参考系统服务(IERS)所定义的一个协议地球参考系统,其定义满足如下条件:

　　(1)原点位于地球质心。地球质心为包括海洋和大气在内的整个地球的质量中心。

　　(2)长度单位为 m(国际单位制)。

　　(3)初始定向为国际时间局(BIH)1984.0 所给出的定向。

　　(4)定向的时间演化相对于地壳不产生残余的全球性旋转,即要满足无净旋转(NNR)条件。

18. 参心坐标系

　　参心坐标系是各个国家为了研究局部地球表面的形状,在将地面测量数据归算至椭球时的各项改正数最小的原则下,选择与局部区域的大地水准面最为密合的椭球作为参考椭球而建立的坐标系。"参心"意指参考椭球的中心。由于参考椭球的中心一般与地球质心不一致,因而参心坐标系又称非地心坐标系、局部坐标系或相对坐标系。参心坐标系也有两种表现形式:参心大地坐标系和参心空间直角坐标系。

　　定义参心坐标系为:原点位于参考椭球的中心 O_T,Z_T 轴平行于参考椭球的旋转轴,X_T 轴指向起始大地子午面和参考椭球赤道的交点,Y_T 垂直于 $X_T O_T Z_T$ 平面,与 Z_T、X_T 构成右手坐标系。如图 1 所示,$O_T\text{-}X_T Y_T Z_T$ 为参心坐标系,$O_{CTS}\text{-}X_{CTS}Y_{CTS}Z_{CTS}$ 为地心坐标系。

　　参心坐标系和地心坐标系间的转换关系为

$$\begin{bmatrix} X_{CTS} \\ Y_{CTS} \\ Z_{CTS} \end{bmatrix} = \begin{bmatrix} \Delta X \\ \Delta Y \\ \Delta Z \end{bmatrix} + (1+m) \begin{bmatrix} 1 & \omega_Z & -\omega_Y \\ -\omega_Z & 1 & \omega_X \\ \omega_Y & -\omega_X & 1 \end{bmatrix} \begin{bmatrix} X_T \\ Y_T \\ Z_T \end{bmatrix}$$

式中,$[X_T\ Y_T\ Z_T]^T$ 为参心空间直角坐标矩阵,$[X_{CTS}\ Y_{CTS}\ Z_{CTS}]^T$ 为地心空间直角坐标矩阵,$[\Delta X\ \Delta Y\ \Delta Z]^T$ 为平移参数矩阵,$\begin{bmatrix} 1 & \omega_Z & -\omega_Y \\ -\omega_Z & 1 & \omega_X \\ \omega_Y & -\omega_X & 1 \end{bmatrix}$ 为旋转参数矩阵,m 为尺度因子。

由于参心坐标系所采用的参考椭球不同,或采用的参考椭球虽然相同,但参考椭球的定位与定向不同,因而有不同的参心坐标系。我国 1954 北京坐标系、1980 西安坐标系以及新 1954 北京坐标系均是参心坐标系。

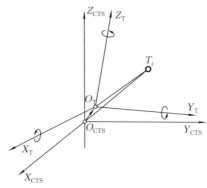

图 1 参心坐标系和地心坐标系

19. 总地球椭球和参考椭球

地球椭球是用来代表地球形状的椭球,其椭球体与地球形体非常接近,椭球面是一个形状规则的数学表面,在其上可以做严密的计算,而且所推算的元素(如长度、角度)与大地水准面上的相应元素非常接近。

总地球椭球是在全球范围内与大地体最为密合的椭球,简称总椭球。它应满足下面几个条件:

(1)椭球质量等于地球质量,二者的旋转角速度相同。

(2)椭球体积与大地体体积相等,它的表面与大地水准面之间的差距的平方和最小。

(3)椭球中心与地球质心重合,椭球短轴与地轴重合,起始大地子午面与起始天文子午面平行。

要确定总椭球,必须在整个地球表面上布设连成一体的天文大地网,并进行全球性的重力测量。

参考椭球是为了满足大地测量的实际需要,只根据局部的天文、大地和重力测量资料,以及局部大地水准面的情况,确定的一个与总椭球接近的椭球,作为处理大地测量成果的依据。这样的椭球只能较好地接近局部地区的大地水准面,不能反映大地体的情况,所以叫作参考椭球。

20. 水准面与大地水准面

地球上任何一个质点都同时受到地心引力和由地球自转产生的离心力的作用,两个力的合力称为重力。离心力与地心引力之比约为1:300,所以重力中起主要作用的还是地心引力。重力作用线称为铅垂线,重力作用线方向就是铅垂线方向。

当液体处在静止状态时,其表面必处处与重力方向正交,否则液体就会流动。这个由重力位相等点构成的面称为水准面或等位面。水准面是处处与铅垂线正交的面。在不同高度的点,都有一个不同的水准面,所以水准面有无穷个。

为了使测量成果有一个共同的基准面,可以选择一个十分接近地球表面又能代表地球形状和大小的水准面作为共同标准。设想海洋处于静止的平衡状态时,将它延伸到大陆内部且保持处处与铅垂线正交,形成一个闭合曲面,用它来表示地球的形状是最理想的,这个面称为大地水准面,又称为地球的物理表面。由它所包围的形体是地球的真实形体,称为大地体。

事实上,海洋受到潮汐、风力的影响,永远不会处于完全静止的平衡状态,总是存在着不断的升降运动。但是可以在海洋近岸的某一点处竖立水位标尺,成年累月地观测海水面的水位升降,根据长期观测的结果可以求出该点处海洋水面的平均位置。人们假定大地水准面就是在该点处实测的平均海水面。

21. 椭球定位和定向

椭球定位就是确定椭球中心位置,可分为局部定位和地心定位两类。局部定位要求在一定范围内,椭球面与大地水准面要最佳符合,对椭球中心位置无特殊要求;地心定位要求在全球范围内,椭球面与大地水准面要最佳符合,同时要求椭球中心与地球质心重合或最接近。

无论是局部定位还是地心定位,都必须满足两个平行条件:①椭球短轴平行于地球自转轴;②起始大地子午面平行于起始天文子午面。这两个条件的目的在于简化大地坐标、大地方位角同天文坐标、天文方位角之间的换算。定位又分为一点定位和多点定位。

椭球定向实质上是确定椭球旋转轴的指向。

国家高程系统的基准面是大地水准面或似大地水准面,二者差异甚微,而国家大地坐标系的基准面是参考椭球面。为了使用上的方便,一般要求二者尽量接近。因此,参考椭球的大小和它在地球体内的位置,应使椭球面充分地接近整个大地水准面或一个国家范围内的大地水准面,同时要求椭球短轴平行于地球自转轴。因此,参考椭球定位和定向的实现包括以下几个方面的内容:

(1)确定椭球的大小、形状及物理特性,即 4 个基本参数。

(2)确定椭球中心位置,即参考椭球的定位。

(3)确定以椭球中心为原点的空间直角坐标系坐标轴的指向,即参考椭球的定向。

(4)确定大地原点。

22. 大地原点

大地原点是国家平面控制网中推算大地坐标的起算点。通常在国家天文大地网中选一个比较适中的三角点作为原点,高精度测定其天文经纬度和到另一个三角点的天文方位角,根据参考椭球定位的方法,求得该点的大地经纬度、大地高和到另一点的大地方位角。这些数据称为大地基准数据,以此推算其他三角点、导线点的大地坐标。

我国 1980 西安坐标系以西安大地原点为起算点,可以根据该原点推算其他点位在该坐标系下的坐标。该原点建立于 1978 年,由主体建筑、中心标志、测量仪器台和投影亭等组成,建筑主体为七层圆顶塔式结构,占地 3.92 hm^2,高 25.8 m,原点中心位于塔楼地下室花岗岩标石顶面,以镶嵌的球形玛瑙为标志,坐标为东经 108°55′、北纬 34°32′,海拔高度 417.20 m。

23. 1954 北京坐标系

1954 北京坐标系采用了三角锁连测的方法,将起始坐标从苏联普尔科沃天文台的大地基点传递过来,经各局部外业逐步布测并分别平差后,得到全国三角点的平差结果。此坐标系定名为 1954 年北京坐标系(现一般称为 1954 北京坐标系),原点位于普尔科沃,采用克拉索夫斯基椭球。基本参数为:

长半轴　　$a = 6\ 378\ 245$ m

扁率　　　$f = 1/298.3$

24. 1980 西安坐标系

1980 西安坐标系是在 1954 北京坐标系基础上对国家天文大地网进行整体平差后建立的。大地原点在陕西省咸阳市泾阳县永乐镇(在西安主城区中心正北方向约 30 km 处)。

椭球参数采用的是国际大地测量学与地球物理学联合会(IUGG)1975 年推荐的椭球参数。1980 西安坐标系采用的地球椭球基本参数包括几何参数和物理参数,共计 4 个。椭球定位和定向的条件是:

(1)椭球短轴平行于地球自转轴,由地球质心指向 JYD1968.0 极原点方向。

(2)起始子午面平行于格林尼治平天文子午面。

(3)椭球面与似大地水准面在我国境内最密合。

为满足条件(3),我国通过多点定位,按 $1° \times 1°$ 间隔在我国均匀选取 922 个点,组成弧度测量方程,按高程异常平方和最小原则确定大地原点的垂线偏差和高程异常。

基本参数为:

长半轴 $a = 6\ 378\ 140$ m

扁率 $f = 1/298.257$

地心引力常数(含大气层)$GM = 3.986005 \times 10^{14}$ m$^3 \cdot$ s^{-2}

地球自转角速度 $\omega = 7.292\ 115 \times 10^{-5}$ rad $\cdot$ s^{-1}

25. 新 1954 北京坐标系

新 1954 北京坐标系是在 1980 西安坐标系的基础上,将基于国际大地测量学与地球物理学联合会(IUGG)1975 年推荐的椭球参数计算的 1980 西安坐标系平差成果,整体转换为基于克拉索夫斯基椭球计算的坐标值,并将 1980 西安坐标系原点空间平移而建立起来的。

新 1954 北京坐标系是综合 1980 西安坐标系和 1954 北京坐标系而建的;采用多点定位,定向明确;与 1980 西安坐标系平行,但椭球面与大地水准面在我国境内不是最佳拟合;大地原点与 1980 西安坐标系相同,但大地起算数据不同。

与 1954 北京坐标系相比,新 1954 北京坐标系所采用的椭球参数相同,定位相近,但定向不同;1954 北京坐标系采用局部平差,新 1954 北京坐标系采用 1980 西安坐标系整体平差结果的转换值。因此,新 1954 北京坐标系与 1954 北京坐标系之间并无全国范围内统一的转换参数,只能进行局部转换。

26. 国家天文大地网

国家天文大地网是在全国范围内,由互相联系的大地测量点构成的国家高等级水平控制网。大地测量点上设有固定标志,以便于长期保存。

国家天文大地网采用逐级控制、分级布设的原则,分为一、二、三、四等,主要采用三角测量法布设,在西部困难地区采用导线测量法。一等三角锁沿经线和纬线布设成纵横交叉的三角锁系,锁长 200～250 km,构成许多锁环。一等三角锁由近似等边的三角形组成,边长为 20～30 km。二等三角测量有两种布网形式:一种是由纵横交叉的二等基本锁将一等锁环划分成 4 个大致相等的部分,这 4 个空白部分用二等补充网填充,称纵横锁系布网方案;另一种是在一等锁环内布设全面二等三角网,称全面布网方案。二等基本锁的边长为 20～25 km,二等三角网的平均边长为 13 km。一等三角锁的两端和二等三角网的中间,都要测定起算边长、天文经纬度和方位角。因此国家一、二等网合称为国家天文大地网。

27. 国家天文大地网的作用

国家天文大地网建成后尽管损毁严重,但大地测量点的数据基础仍能发挥应有的作用,最关键的作用是基于同时具有 1954 北京坐标系、1980 西安坐标系、2000 国家大地坐标系坐标的国家天文大地网,采用合适的模型可实现各地物点坐标从参心坐标系到地心坐标系的转换。目前已基于国家天文大地网控制点的三套坐标系成果,完成了参心坐标系到 2000 国家大地坐标系的各类成果的转换。

28. 平面直角坐标系

通过地图投影方式,建立椭球面上点的地理位置与其投影到平面上的相关位置的对应关系,在平面上用于记录空间内各点平面位置的坐标系就是平面直角坐标系。它建立在确定的控制基准、投影方式与投影参数等技术参数的基础上。平面直角坐标可分为地面坐标和图面坐标两种,地面坐标不考虑实体缩小的比例尺因子,图面坐标是将地面坐标转换到图纸上的相对坐标。与数学上常用的直角坐标系不同的是,平面直角坐标系的纵轴为 X 轴,横轴为 Y 轴。在投影面上,以投影带中央经线的投影为纵轴、以赤道投影为横轴及以它们的交点为原点,组成测量中常用的直角坐标系。

鉴于投影方式的不同,椭球面上的经纬线在平面上有不同的形态。

29. 高斯平面直角坐标系

高斯平面直角坐标系是按分带方法对各带分别进行投影的,故各带坐标构成独立系统。中央经线投影为纵轴(X 轴),赤道投影为横轴(Y 轴),两轴交点即为各带的坐标原点。纵坐标以赤道为零起算,赤道以北为正,以南为负。我国位于北半球,纵坐标均为正值。横坐标若以中央经线为零起算,中央经线以东为正,以西为负,则我国横坐标出现负值,使用不便,因此规定将坐标纵轴西移 500 km 作为起始轴,凡是带内的横坐标值均加 500 km。由于高斯-克吕格投影每一个投影带的坐标都是本带坐标原点的相对值,所以各带的坐标值完全相同。为了区别某一坐标系属于哪一带,在横轴坐标值前加上带号,如(4 231 898 m,21 655 933 m),其中纵轴坐标值中开头的 21 即为带号。高斯平面直角坐标和大地坐标的转换公式为

$$x = X + Nt\cos^2 B \frac{l^2}{\rho^2} \left[0.5 + \frac{1}{24}(5 - t^2 + 9\eta^2 + 4\eta^4)\cos^2 B \frac{l^2}{\rho^2} + \frac{1}{720}(61 - 58t^2 + t^4)\cos^4 B \frac{l^4}{\rho^4} \right]$$

$$y = N\cos B \frac{l}{\rho} \left[1 + \frac{1}{6}(1 - t^2 + \eta^2)\cos^2 B \frac{l^2}{\rho^2} + \frac{1}{120}(5 - 18t^2 + t^4 + 14\eta^2 - 58\eta^2 t^2)\cos^4 B \frac{l^4}{\rho^4} \right]$$

$$B = B_f - \frac{\rho t_f}{2M_f} y \left(\frac{y}{N_f} \right) \left[1 - \frac{1}{12}(5 + 3t_f^2 + \eta_f^2 - 9\eta_f^2 t_f^2) \left(\frac{y}{N_f} \right)^2 + \frac{1}{360}(61 + 90t_f^2 + 45t_f^4) \left(\frac{y}{N_f} \right)^4 \right]$$

$$l = \frac{\rho}{\cos B_f} \left(\frac{y}{N_f} \right) \left[1 - \frac{1}{6}(1 + 2t_f^2 + \eta_f^2) \left(\frac{y}{N_f} \right)^2 + \frac{1}{120}(5 + 28t_f^2 + 24t_f^4 + 6\eta_f^2 + 8\eta_f^2 t_f^2) \left(\frac{y}{N_f} \right)^4 \right]$$

式中,e^2 为第一偏心率的平方,$e^2 = 2f - f^2$,$f = \frac{a-b}{a}$,$b = a\sqrt{1 - e^2}$,$c = \frac{a^2}{b}$;e' 为第二偏心率,$e' = \frac{\sqrt{a^2 - b^2}}{b}$,$\eta^2 = e'^2\cos^2 B$,$t = \tan B$;$W$ 为计算中间过程变量,$W = \sqrt{1 - e^2\sin^2 B}$;$V$ 为计算中间过程变量,$V = \sqrt{1 + e'^2\cos^2 B}$;$M$ 为子午圈曲率半径,$M = \frac{a(1 - e^2)}{W^3} = \frac{c}{V^3}$;$N$ 为卯酉圈曲率半径,$N = \frac{a}{W} = \frac{c}{V}$;$X$ 为子午线弧长。设有同一条子午线上的两

点 P_1 和 P_2，P_1 在赤道上，P_2 纬度为 B，P_1、P_2 间的子午线弧长 X 的计算公式为

$$X = a(1-e^2)(A'\text{arc}B - B'\sin 2B + C'\sin 4B - D'\sin 6B +$$
$$E'\sin 8B - F'\sin 10B + G'\sin 12B)$$

式中，$\text{arc}B$ 表示单位为弧度的纬度；其系数为

$$A' = 1 + \frac{3}{4}e^2 + \frac{45}{64}e^4 + \frac{175}{256}e^6 + \frac{11\,025}{16\,384}e^8 + \frac{43\,659}{65\,536}e^{10} + \frac{693\,693}{1\,048\,576}e^{12}$$

$$B' = \quad \frac{3}{8}e^2 + \frac{15}{32}e^4 + \frac{525}{1\,024}e^6 + \frac{2\,205}{4\,096}e^8 + \frac{72\,765}{131\,072}e^{10} + \frac{297\,297}{524\,288}e^{12}$$

$$C' = \qquad\qquad \frac{15}{256}e^4 + \frac{105}{1\,024}e^6 + \frac{2\,205}{16\,384}e^8 + \frac{10\,395}{65\,536}e^{10} + \frac{1\,486\,485}{8\,388\,608}e^{12}$$

$$D' = \qquad\qquad\qquad \frac{35}{3\,072}e^6 + \frac{105}{4\,096}e^8 + \frac{10\,395}{262\,144}e^{10} + \frac{55\,055}{1\,048\,576}e^{12}$$

$$E' = \qquad\qquad\qquad\qquad \frac{315}{131\,072}e^8 + \frac{3\,465}{524\,288}e^{10} + \frac{99\,099}{8\,388\,608}e^{12}$$

$$F' = \qquad\qquad\qquad\qquad\qquad \frac{693}{1\,310\,720}e^{10} + \frac{9\,009}{5\,242\,880}e^{12}$$

$$G' = \qquad\qquad\qquad\qquad\qquad\qquad \frac{1\,001}{8\,388\,608}e^{12}$$

底点纬度 B_f 迭代公式为

$$B_0 = \frac{X}{a(1-e^2)A'}$$

$$B_{i+1} = B_i + \frac{X - F(B_i)}{F'(B_i)}$$

直到 $B_{i-1} - B_i$ 小于某一指定数值，即可停止迭代。式中

$$F(B) = a(1-e^2)(A'\text{arc}B - B'\sin 2B + C'\sin 4B - D'\sin 6B +$$
$$E'\sin 8B - F'\sin 10B + G'\sin 12B)$$

$$F'(B) = a(1-e^2)(A' - 2B'\cos 2B + 4C'\cos 4B - 6D'\cos 6B +$$
$$8E'\cos 8B - 10F'\cos 10B + 12G'\cos 12B)$$

30. 相对独立的平面坐标系

在城市测量和工程测量中,若直接在国家坐标系中建立控制网,有时地面测量长度的投影变形会较大,难以满足实际或工程上的需要。为此,我国各大中城市和地区根据当地规划和建设的需要,建立了城市坐标系和地区坐标系。这些坐标系的特点是相互独立、使用方便,但与地心坐标系不发生联系,与国家坐标系的关系也不明确。在常规测量中,这种相对独立的平面坐标系(又称地方独立坐标系)一般只是一种高斯平面直角坐标系,也可以说是一种不同于国家坐标系的参心坐标系。

31. 相对独立的平面坐标系的建立

建立相对独立的平面坐标系,就是要确定坐标系的一些元素,并根据这些元素和地面观测值求定各点在该坐标系中的坐标值。确定相对独立的平面坐标系的中央子午线一般有三种情况:①尽量取国家坐标系 3°带的中央子午线作为其中央子午线;②当测区离 3°带的中央子午线较远时,应取过测区中心的经线或取过某起算点的经线作为其中央子午线;③若已有的相对独立的平面坐标系没有明确给定中央子午线,则应该根据实际情况进行分析,找出该相对独立的平面坐标系的中央子午线。

32. 地心坐标系

地心坐标系是以地球质心为原点的坐标系,其椭球中心与地球质心重合。通常有两种表现形式,即地心直角坐标系与地心大地坐标系(图 2)。

地心直角坐标系的定义为:原点 O 与地球质心重合,Z 轴指向地球北极,X 轴指向格林尼治平子午面与地球赤道的交点 E,Y 轴垂直于 XOZ 平面,与 Z 轴、X 轴构成右手坐标系。

地心大地坐标系的定义为:地球椭球的中心与地球质心重合,椭球的短轴与地球自转轴重合,大地纬度 B 为过地面点的椭球法线与椭球赤道面的夹角,大地经度 L 为过地面点的椭球子午面与格林尼治平子午面之间的夹角,大地高 H 为地面点沿椭球法线至椭球面的距离。

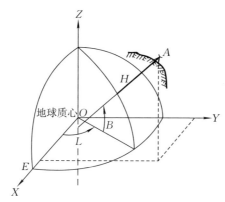

图 2　地心直角坐标系与地心大地坐标系

根据以上定义,任一地面点 A 在地心坐标系下的坐标,可表示为 (X,Y,Z) 或 (B,L,H)。 这两种坐标的换算关系为

$$X = (N + H)\cos B \cos L$$
$$Y = (N + H)\cos B \sin L$$
$$Z = (N(1 - e^2) + H)\sin B$$

式中,N 为椭球的卯酉圈曲率半径;e 为椭球的第一偏心率。若以 a、b 分别表示所取椭球的长半轴和短半轴,则有

$$N = \frac{a}{W}$$

$$W = \sqrt{1 - e^2 \sin^2 B}$$

$$e^2 = \frac{a^2 - b^2}{a^2}$$

当由地心直角坐标转换为地心大地坐标时,通常可用以下公式进行转换

$$B = \arctan\left(\tan\Phi\left(1 + \frac{ae^2}{Z}\frac{\sin B}{W}\right)\right)$$

$$L = \arctan\left(\frac{Y}{X}\right)$$

$$H = \frac{R\cos\Phi}{\cos B} - N$$

式中

$$\Phi = \arctan\left(\frac{Z}{\sqrt{X^2 + Y^2}}\right)$$

$$R = \sqrt{X^2 + Y^2 + Z^2}$$

33. 2000 国家大地坐标系

2000 国家大地坐标系的原点为包括海洋和大气的整个地球的质量中心；Z 轴为原点指向历元 2000.0 的地球参考极的方向，该历元的指向根据 BIH1984.0 给出的定向作为初始定向来推算，定向的时间演化相对于地壳不产生残余的全球性旋转；X 轴为原点指向格林尼治参考子午线与地球赤道面（历元 2000.0）的交点的方向；Y 轴与 Z 轴、X 轴构成右手正交坐标系。2000 国家大地坐标系的尺度为在引力相对论意义下的局部地球框架下的尺度。

2000 国家大地坐标系采用的地球椭球参数数值为：

长半轴　　　　　$a = 6\,378\,137$ m

扁率　　　　　　$f = 1/298.257\,222\,101$

地心引力常数　　$GM = 3.986\,004\,418 \times 10^{14}$ m^3/s^2

自转角速度　　　$\omega = 7.292\,115 \times 10^{-5}$ rad/s

34. WGS-84 坐标系

WGS-84 坐标系的原点为地球质心 O；Z 轴指向 BIH1984.0 定义的协议地极（CTP）；X 轴指向 BIH1984.0 定义的零子午面与 CTP 相应的赤道的交点；Y 轴垂直于 XOZ 平面，且与 Z 轴、X 轴构成右手坐标系(图3)。WGS-84 坐标系最初建立于 1987 年,是通过修正美国海军导航卫星系统参考系(NSWC9Z-2)的原点和尺度变化,并旋转其零子午面,使其与国际时间局定义的零子午面一致而得到的。

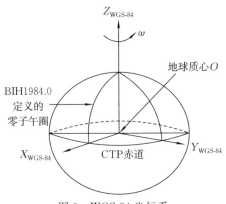

图 3 WGS-84 坐标系

WGS-84 坐标系采用的椭球,称为 WGS-84 椭球,其常数为 IUGG 第 17 届大会的推荐值,4 个基本参数如下:

长半轴

$$a = (6\ 378\ 137 \pm 2)\ \text{m}$$

地心引力常数(含大气层)

$$GM = (3\ 986\ 005 \times 10^8 \pm 0.6 \times 10^8)\ \text{m}^3/\text{s}^2$$

正则化二阶带谐系数

$$\overline{C}_{2,0} = -484.166\ 85 \times 10^{-6} \pm 1.3 \times 10^{-9}$$

地球自转角速度

$$\omega = (7\ 292\ 115 \times 10^{-11} \pm 0.1500 \times 10^{-11})\ \text{rad/s}$$

一般采用地球重力场的正则化二阶带谐系数 $\overline{C}_{2,0}$ 代替 J_2,其关系为 $\overline{C}_{2,0} = -J_2/\sqrt{5}$。根据上述 4 个基本参数,计算出椭球扁率为 $f = 1/298.257\ 223\ 563$。

1993 年,美国国家影像制图局(NIMA)对这些最初定义的参数进行了较大改进。1994 年,美国国防部(DoD)采用美国国防制图局

(DMA)推荐的地心引力常数进行所有高精度轨道确定,即

$$GM = (3\ 986\ 004.418 \times 10^8 \pm 0.8 \times 10^6)\ \mathrm{m}^3/\mathrm{s}^2$$

在重新定义改进的 WGS-84 椭球时,保留了最初定义的长半轴和扁率,4 个基本参数选为 a、f、GM 和 ω。改进的 GM 值在最初定义数值的 1σ 内。

截至 2022 年底,WGS-84 共进行了六次修订:第一次在 1994 年,称为 WGS-84(G730);第二次在 1996 年,称为 WGS-84(G873);第三次在 2001 年,称为 WGS-84(G1150);第四次在 2012 年,称为 WGS-84(G1674);第五次在 2013 年,称为 WGS-84(G1762);第六次在 2021 年,称为 WGS-84(G2139)。

35. 大地原点和坐标系原点的区别

大地原点一般选在特定范围的中心位置,其坐标通过各种方法综合确定。例如 1980 西安坐标系以我国范围内高程异常平方和最小为条件,采用多点定位确定椭球定位和定向,由此推算大地原点在此坐标系的坐标,并将其作为起算数据,推算其他各点的坐标。将 1980 西安坐标系的大地原点设在我国中部地区,可使推算坐标的精度比较均匀。因此大地原点坐标并非 $(0,0,0)$,而是与大地原点在椭球上所处的具体位置 (B_k, L_k, H_k) 密切相关的。按多点定位解得大地原点的垂线偏差和高程异常值分别为 $\xi_0 = -1.9''$,$\eta_0 = -1.6''$,$\zeta_0 = -14.0\ \mathrm{m}$。

坐标原点为坐标系的各点位置的参照点,一般定义为 $(0,0,0)$。

36. 国际地球参考系统

国际地球参考系统(ITRS)是 IERS 定义的一种协议地球参考系统,定义如下:

(1)原点位于地球质心,地球质心是包括海洋和大气的整个地球的质量中心。

(2)长度单位为 m(国际单位制),是在广义相对论框架下的定义。

(3)坐标轴的初始定向与 BIH1984.0 定义的一致。

（4）定向的时间演化相对于地壳不产生残余的全球性旋转。

37. 坐标参考框架

坐标参考框架是一组用于定义或实现一个特定坐标系的参考点及其所采用坐标的集合。考虑坐标变化时,还需要一个时间历元,故时间尺度也是坐标参考框架的一部分。对于动力学参考框架而言,该集合由用于定义该框架的大地测量卫星、行星或其他天体的星历构成。在该参考框架下,其他点的坐标可以通过其相对于这些参考点位置的观测量来确定。

38. 坐标系与坐标参考框架间的关系

坐标参考框架是坐标系的实现。坐标系定义明确且严密,需通过一些具体直观的点来描述或反映某一特定的坐标系,这些满足特定坐标系的点的集合就构成人们通常所说的坐标参考框架。一般而言,只要涉及与空间位置有关的问题,就会涉及坐标系;而涉及坐标系必将涉及坐标参考框架。

39. 时间系统

与地心坐标系对应,一般涉及 7 种不同的时间类型,分别是协调世界时（UTC）、地球力学时（TDT）、国际原子时（TAI）、质心力学时（TDB）、地心坐标时（TCG）、GPS 时（GPST）和北斗时（BDT）。

协调世界时的秒长严格等于原子时的秒长,而且规定协调世界时与世界时（UT）间的时刻差需要保持在 0.9 s 以内,否则将采取闰秒的方式进行调整。闰秒一般发生在 6 月 30 日及 12 月 31 日。世界时由地球自转定义。这个时间尺度有些不规则。世界时（UT）有几种不同的定义:UT0 为"原始 UT",表示未经校正的 UT,来源于子午圈观测或涉及卫星观测的更现代的方法;UT1 为校正了极移的 UT0,通常说的 UT 是指 UT1。它们三者之间的差异总是小于 0.03 s。

地球力学时是建立在国际原子时的基础上的,其秒长与国际原子时相等。1991 年,第 21 届 IAU 大会决定将地球力学时改称为地球时(TT)。地球时(TT)和国际原子时(TAI)之间的关系式可以表示为

$$TT = TAI + 32.184 \text{ s}$$

国际原子时是地球上的时间基准,由国际时间局从多个国家的原子钟分析得出,被定义为

$$TAI = TT - 32.184 \text{ s} = UTC + 闰秒$$

质心力学时有时也称为太阳系质心力学时。这是一种解算坐标原点位于太阳系质心的运动方程(如行星运动方程)并编制其星表时所用的时间系统。质心力学时和地球时之间没有长期漂移,只有周期项变化。

GPS 时是由 GPS 星载原子钟和地面监测站原子钟组成的一种原子时基准,目前与国际原子时保持 19 s 的常数差,起始历元是 1980 年 1 月 6 日 0 时 0 分 0 秒(UTC)。北斗导航卫星系统的系统时间称为北斗时,属于原子时,起始历元是 2006 年 1 月 1 日 0 时 0 分 0 秒(UTC)。

这 7 种时间之间的转换原理如图 4 所示。图 4 中,delta-T 为地球时相对于协调世界时的变化,主要取决于地球自转。delta-UT 表示 UT1 相对于协调世界时的变化。协调世界时引入闰秒,使 delta-UT 保持在 0.9 s 以内。

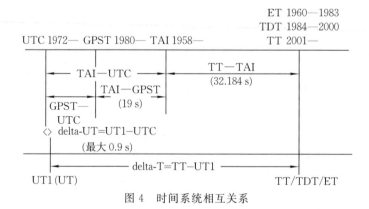

图 4　时间系统相互关系

40. 历　元

时间包含时刻和时间间隔两个概念。所谓时刻,即发生某一现象的瞬间。在天文学和卫星定位中,与所获数据对应的时刻也称为历元。而时间间隔,指发生某一现象所经历过程的时间,是这一过程始末的时刻之差。所以,时间间隔测量也称为相对时间测量,而时刻测量相应地称为绝对时间测量。按用途不同,历元主要分为以下三种:

(1)星表(星图)历元。受岁差和章动以及自行的影响,各种天体的天球坐标都随时变化。因此,星表(星图)所列的各种天体的天球坐标,都只能是对应于某一特定时刻的,需要注明属于某一历元,如1950.0、1975.0等,这种历元称为星表(星图)历元。在使用星表(星图)时,可以利用岁差、章动和自行的资料,将各种天体对应于星表(星图)历元的天球坐标换算为使用时刻的天球坐标。

(2)观测历元。为了比较不同时刻的观测结果,需要注明观测资料所对应的观测时刻,这种时刻称为观测历元。

(3)时间计量的初始历元。在时间计量系统中,除了确定时间单位外,还要确定时间计量的起点,这种起点称为时间计量的初始历元。

国际地球参考框架使用的标准历元是J2000.0,即参考框架时间为2000年1月1日12时0分0秒。前缀"J"代表这是儒略历元。在使用J2000.0前,标准历元曾是B1950.0,前缀"B"代表贝塞尔历元。贝塞尔历元在1984年前使用,现在使用的是儒略历元。

41. 国际地球参考框架

国际地球参考框架(ITRF)是国际地球参考系统(ITRS)的具体实现。由国际地球自转和参考系统服务(IERS)根据一定要求,在地球表面建立地面观测站进行空间大地测量,并根据协议地球参考系统的定义,采用一组国际推荐的模型和常数系统,对观测数据进行处理,解算出各地面观测站在某一历元的测站坐标及速度场,即由一组固定于地球表面且只做线性运动的地面观测站的坐标及坐标变化速率组成,这些地面观测站称为基准站。

国际地球参考框架的原点、定向、尺度均隐含在国际地球自转和参考系统服务所确定的基准站的坐标与速度场中。在参考历元下的具体实现如下：

(1)原点由卫星激光测距(SLR)技术确定,其相对于卫星激光测距长期综合解的平移与平移变化率为 0。

(2)定向遵循地壳整体无旋转条件,国际地球参考框架相对于前一个国际地球参考框架的旋转参数及其变化率为 0。

(3)尺度由卫星激光测距与甚长基线干涉测量(VLBI)联合确定,相对于甚长基线干涉测量和卫星激光测距的尺度与尺度变化率为 0。

基准站配备有卫星定位、甚长基线干涉测量、卫星激光测距、激光测月(LLR)、多里斯系统(DORIS)等不同的空间大地测量系统,并满足以下条件:连续观测至少 3 年;远离板块边缘及变形区域;速度精度优于 3 mm/a;至少 3 个不同分析中心解算的速度残差小于 3 mm/a。国际地球参考框架由国际地球自转和参考系统服务的地球参考框架部门负责建立和维护。

截至 2023 年 6 月底,ITRF 已发布了 ITRF88、ITRF89、ITRF90、ITRF91、ITRF92、ITRF93、ITRF94、ITRF96、ITRF97、ITRF2000、ITRF2005、ITRF2008、ITRF2014、ITRF2020,共 14 个版本。

42. ITRF97

ITRF97 定义(原点、尺度、定向及其时间演化)的实现方式与 ITRF96 一致。国际地球自转和参考系统服务分析中心使用了 1998 年 4 个甚长基线干涉测量、5 个卫星激光测距、6 个 GPS 和 3 个多里斯系统技术分析中心提供的单技术解及方差—协方差信息组合实现。同一站址各技术并置站的速度相同,采用赫尔默特(Helmert)方法估计各类技术方差分量,确定了共 325 个站址的 550 个基准站在 ITRF97 下的坐标和速度,框架坐标实现历元为 1997.0。

甚长基线干涉测量数据包括 1979 年 8 月至 1998 年 7 月间的观测数据,共 128 个观测站参与地球参考框架(TRF)构建。另外,天球参考框架(CRF)包括 630 个河外射电源。

卫星激光测距数据包括 Lageos-1 卫星(1983 年 9 月至 1997 年 12 月期间)和 Lageos-2 卫星(1992 年 10 月至 1997 年 12 月期间)观测数据。

国际导航卫星系统服务(IGS)欧洲定轨中心(CODE)向国际地球自转和参考系统服务(IERS)提交的解是基于 GPS 1993 年 4 月至 1998 年 6 月期间的观测结果。欧洲定轨中心每天处理的全球 IGS 台站数量从 1993 年的约 35 个增加到 1998 年的 100 多个。

多里斯系统数据包括 SPOT2、SPOT3 和 TOPEX/Poseidon 卫星 5 年的观测数据(1993 年 1 月至 1997 年 12 月)。

多技术综合使用的数据如下:

(1) 观测 Lageos-1 卫星 11.5 年的卫星激光测距数据(1985 年 5 月至 1996 年 10 月)。

(2) 观测 Lageos-2 卫星 4 年的卫星激光测距数据(1992 年 11 月至 1996 年 10 月)。

(3) 三组各持续观测 SPOT2、SPOT3 卫星 4 个月的多里斯系统数据(1993 年 1 月至 1997 年 12 月)。

(4) 三组各持续观测 TOPEX/Poseidon 卫星 4 个月的卫星激光测距和多里斯系统数据(1993 年 11 月至 1996 年 10 月)。

这个解涉及 147 个卫星激光测距和多里斯系统站点的位置及 120 个基准站的速度。

43. ITRF2000

ITRF2000 综合了 3 个甚长基线干涉测量、7 个卫星激光测距、1 个激光测月、6 个 GPS、2 个多里斯系统和 1 个多技术[卫星激光测距＋多里斯系统＋精密测距测速系统(PRARE)]分析中心的结果,同时有 6 个 GPS 的结果作为 ITRF2000 的在区域的加密网。在综合解中对各分析中心的结果赋权,并进行数据质量检查。ITRF2000 的原点为 5 个卫星激光测距分析中心❶结果的加权平均值。ITRF2000 定向与 ITRF97 在 1997.0 历元相同,速度场采用 NNR-NUVEL-1A 板块运动模型。所不同的是,ITRF2000 尺度是通过将 ITRF2000 与甚长基线干涉测量和所有可靠卫星激光测距解的加权平均值之间的尺度和尺度变化率设为零来实现的。ITRF2000 的尺度时间表示在地球时(TT)框架下。

从 ITRF2000 到以前框架的转换参数及其速率如表 3 所示。

表 3 从 ITRF2000 到以前框架的转换参数及其速率

转换参数	$T_x/$ mm	$T_y/$ mm	$T_z/$ mm	$D/$ 10^{-9}	$R_x/$ $0.001''$	$R_y/$ $0.001''$	$R_z/$ $0.001''$	历元
速率	$\dot{T}_x/$ (mm/a)	$\dot{T}_y/$ (mm/a)	$\dot{T}_z/$ (mm/a)	$\dot{D}/$ $(10^{-9}/a)$	$\dot{R}_x/$ $(0.001''/a)$	$\dot{R}_y/$ $(0.001''/a)$	$\dot{R}_z/$ $(0.001''/a)$	
ITRF97	6.7	6.1	−18.5	1.55	0.00	0.00	0.00	1997.0
速率	0.0	−0.6	−1.4	0.01	0.00	0.00	0.02	
ITRF96	6.7	6.1	−18.5	1.55	0.00	0.00	0.00	1997.0
速率	0.0	−0.6	−1.4	0.01	0.00	0.00	0.02	
ITRF94	6.7	6.1	−18.5	1.55	0.00	0.00	0.00	1997.0
速率	0.0	−0.6	−1.4	0.01	0.00	0.00	0.02	
ITRF93	12.7	6.5	−20.9	1.95	−0.39	0.80	−1.14	1988.0
速率	−2.9	−0.2	−0.6	0.01	−0.11	−0.19	0.07	
ITRF92	14.7	13.5	−13.9	0.75	0.00	0.00	−0.18	1988.0
速率	0.0	−0.6	−1.4	0.01	0.00	0.00	0.02	
ITRF91	26.7	27.5	−19.9	2.15	0.00	0.00	−0.18	1988.0
速率	0.0	−0.6	−1.4	0.01	0.00	0.00	0.02	
ITRF90	24.7	23.5	−35.9	2.45	0.00	0.00	−0.18	1988.0
速率	0.0	−0.6	−1.4	0.01	0.00	0.00	0.02	
ITRF89	29.7	47.5	−73.9	5.85	0.00	0.00	−0.18	1988.0
速率	0.0	−0.6	−1.4	0.01	0.00	0.00	0.02	
ITRF88	24.7	11.5	−97.9	8.95	0.10	0.00	−0.18	1988.0
速率	0.0	−0.6	−1.4	0.01	0.00	0.00	0.02	

---

❶ 分别为意大利空间大地测量中心(CGS)、通信研究实验室(CRL)、美国空间研究中心(CSR)、德国大地测量研究所(DGFI)和美国地球系统技术联合中心(JCET)。

44. ITRF2005

ITRF2005 仍是通过甚长基线干涉测量、卫星激光测距、GPS 和多里斯系统四种空间大地测量技术获取的观测数据解算在特定历元 2000.0 的基准站坐标和速度场来实现的。

与以往的 ITRF 版本不同，ITRF2005 采用的是基准站位置和地球定向参数（EOP）的输入数据的时间序列。利用基准站位置时间序列的优点是：可以监测基准站的非线性运动和不连续性，并检查框架物理参数，即原点、尺度及其时间演化。ITRF2005 的原点是通过将卫星激光测距时间序列（跨度 13 年）平均值约束为零（相对于地球质心）来确定的；尺度是通过相对于甚长基线干涉测量时间序列（跨度 26 年）的尺度和速率不变来确定的。在 2000.0 历元，ITRF2005 相对于 ITRF2000 的一致性差异体现在框架原点及定向方面，分别如下：

（1）原点沿 X、Y 和 Z 轴的分量及变化速率分别为 0.1 mm、−0.8 mm、−5.8 mm 和 −0.2 mm/a、0.1 mm/a、−1.8 mm/a，相应误差为 0.3 mm 和 0.3 mm/a。这两个框架原点之间一致性低是由卫星激光测距网几何结构差且未随时间改善造成的。

（2）定向及其速率无旋转。使用 70 个高质量基准站的数据，包括 38 个 GPS 站、21 个甚长基线干涉测量站和 11 个卫星激光测距站，其中有中国拉萨和上海的卫星激光测距站。

ITRF2005 由位于 338 个站址的 608 个基准站组成，其中北半球有 268 个站址，南半球有 70 个站址，显示出明显的南北分布不平衡。ITRF2005 首次提供了自洽的地球定向参数序列，包括甚长基线干涉测量和卫星技术的极移及甚长基线干涉测量的世界时长。利用 152 个速度场（误差小于 1.5 mm/a），估算了 15 个符合 ITRF2005 构造板块的绝对旋转极点。这种新的绝对板块运动模型取代并显著改进了涉及六大板块的 ITRF2000。

相对于 ITRF2000，ITRF2005 的基准站在全球的分布更为合理，基准站坐标和速度场的解算精度有成倍甚至数量级的提高。在解的生成、基准的定义和实现等方面,ITRF2005 做出了较大的改进和修正。

从 ITRF2005 到 ITRF2000 的转换参数及其速率如表 4 所示。

表 4　从 ITRF2005 到 ITRF2000 的转换参数及其速率

转换参数	$T_x/$ mm	$T_y/$ mm	$T_z/$ mm	$D/$ 10^{-9}	$R_x/$ $0.001''$	$R_y/$ $0.001''$	$R_z/$ $0.001''$	历元
速率	$\dot{T}_x/$ (mm/a)	$\dot{T}_y/$ (mm/a)	$\dot{T}_z/$ (mm/a)	$\dot{D}/$ $(10^{-9}/a)$	$\dot{R}_x/$ $(0.001''/a)$	$\dot{R}_y/$ $(0.001''/a)$	$\dot{R}_z/$ $(0.001''/a)$	
转换参数	0.1	−0.8	−5.8	0.40	0.000	0.000	0.000	
转换参数精度	0.3	0.3	0.3	0.05	0.012	0.012	0.012	2000.0
速率	−0.2	0.1	−1.8	0.08	0.000	0.000	0.000	
速率精度	0.3	0.3	0.3	0.05	0.012	0.012	0.012	

45. ITRF2008

ITRF2008 于 2010 年 5 月 31 日发布,包括 580 个站址的 920 个基准站的坐标和速度,是基于四种空间大地测量技术(甚长基线干涉测量、卫星激光测距、GPS 和多里斯系统)重新处理解的 ITRF 精化版本。在历元 2005.0,ITRF2008 与 ITRF2005 的一致性差异体现在框架原点、定向和尺度方面,分别为:

(1)原点沿 X、Y 和 Z 轴的差异分别为−0.5 mm、−0.9 mm 和−4.7 mm,两框架之间的 X 平移速率为 0.3 mm/a,Y 和 Z 平移速率差为零。

(2)定向及其变化率一致。

(3)尺度和尺度速率差异分别为$(1.05\pm0.13)\times10^{-9}$ 和$(0.049\pm0.010)\times10^{-9}/a$。

ITRF2008 原点的精度在 SLR 观测时间段内优于 1 cm。ITRF2008 尺度的精度在甚长基线干涉测量和卫星激光测距两种技术的共同观测时间段内在 1.2×10^{-9} 以内。

从 ITRF2008 到以前框架的转换参数及其速率如表 5 所示。

表 5　从 ITRF2008 到以前框架的转换参数及其速率

转换参数	$T_x/$ mm	$T_y/$ mm	$T_z/$ mm	$D/$ 10^{-9}	$R_x/$ $0.001''$	$R_y/$ $0.001''$	$R_z/$ $0.001''$	历元
速率	$\dot{T}_x/$ (mm/a)	$\dot{T}_y/$ (mm/a)	$\dot{T}_z/$ (mm/a)	$\dot{D}/$ (10^{-9}/a)	$\dot{R}_x/$ ($0.001''$/a)	$\dot{R}_y/$ ($0.001''$/a)	$\dot{R}_z/$ ($0.001''$/a)	
ITRF2005	−2.0	−0.9	−4.7	0.94	0.00	0.00	0.00	2000.0
速率	0.3	0.0	0.0	0.00	0.00	0.00	0.00	
ITRF2000	−1.9	−1.7	−10.5	1.34	0.00	0.00	0.00	2000.0
速率	0.1	0.1	−1.8	0.08	0.00	0.00	0.00	
ITRF97	4.8	2.6	−33.2	2.92	0.00	0.00	0.06	2000.0
速率	0.1	−0.5	−3.2	0.09	0.00	0.00	0.02	
ITRF96	4.8	2.6	−33.2	2.92	0.00	0.00	0.06	2000.0
速率	0.1	−0.5	−3.2	0.09	0.00	0.00	0.02	
ITRF94	4.8	2.6	−33.2	2.92	0.00	0.00	0.06	2000.0
速率	0.1	−0.5	−3.2	0.09	0.00	0.00	0.02	
ITRF93	−24.0	2.4	−38.6	3.41	−1.71	−1.48	−0.30	2000.0
速率	−2.8	−0.1	−2.4	0.09	−0.11	−0.19	0.07	
ITRF92	12.8	4.6	−41.2	2.21	0.00	0.00	0.06	2000.0
速率	0.1	−0.5	−3.2	0.09	0.00	0.00	0.02	
ITRF91	24.8	18.6	−47.2	3.61	0.00	0.00	0.06	2000.0
速率	0.1	−0.5	−3.2	0.09	0.00	0.00	0.02	
ITRF90	22.8	14.6	−63.2	3.91	0.00	0.00	0.06	2000.0
速率	0.1	−0.5	−3.2	0.09	0.00	0.00	0.02	
ITRF89	27.8	38.6	−101.2	7.31	0.00	0.00	0.06	2000.0
速率	0.1	−0.5	−3.2	0.09	0.00	0.00	0.02	
ITRF88	22.8	2.6	−125.2	10.41	0.10	0.00	0.06	2000.0
速率	0.1	−0.5	−3.2	0.09	0.00	0.00	0.02	

46. ITRF2014

　　ITRF2014 于 2016 年 1 月 22 日发布，包括位于 975 个站址的 1 499 个基准站，估计了基准站在历元 2010.0 时的坐标、速度。其中甚长基线干涉测量站有 154 个、卫星激光测距站有 140 个、多里斯系统站有 160 个、卫星定位站有 1 045 个；并置站总共有 139 个，是对基于四种空间大地测量技术(卫星激光测距、甚长基线干涉测量、多里斯系统、卫星定位)的历年观测数据进行重新整合计算而得到的参考框架。在 2010.0 历元，

ITRF2014 与 ITRF2008 的一致性差异体现在框架原点和尺度方面,分别为:

(1)原点估计精度小于 3 mm,时间演化小于 0.2 mm/a。

(2)尺度和尺度速率差异分别为 $(1.37 \pm 0.10) \times 10^{-9}$ 和 $(0.02 \pm 0.02) \times 10^{-9}/a$。

ITRF2014 优化了四种空间大地测量技术基准站在全球的分布,基准站在大地控制网中的比例由 ITRF2008 的 60% 上升至 80%,其中有 450 个基准站是在 2007 年以后安装运行的。ITRF2014 是国际地球参考系统实现的一个里程碑。在估计参数时,首次采用基准站非线性运动建模方式。相对于 ITRF2008,ITRF2014 在基准站坐标运动模型中增加了季节(年度和半年)信号,并对遭受大地震的站址进行了同震跳跃检测和震后变形建模,统计了 117 个站址,其遭受了 59 次具有重大震后变形的大地震,因此更加精确地描述了基准站的位移。季节信号使用余弦和正弦函数建模,而震后变形通过四个参数模型进行描述,即对数、指数、对数+指数及对数+对数。

从 ITRF2014 到以前框架的转换参数及其速率如表 6 所示。

表 6 从 ITRF2014 到以前框架的转换参数及其速率

转换参数	$T_x/$ mm	$T_y/$ mm	$T_z/$ mm	$D/$ 10^{-9}	$R_x/$ $0.001''$	$R_y/$ $0.001''$	$R_z/$ $0.001''$	历元
速率	$\dot{T}_x/$ (mm/a)	$\dot{T}_y/$ (mm/a)	$\dot{T}_z/$ (mm/a)	$\dot{D}/$ $(10^{-9}/a)$	$\dot{R}_x/$ $(0.001''/a)$	$\dot{R}_y/$ $(0.001''/a)$	$\dot{R}_z/$ $(0.001''/a)$	
ITRF2008	1.6	1.9	2.4	−0.02	0.00	0.00	0.00	2010.0
速率	0.0	0.0	−0.1	0.03	0.00	0.00	0.00	
ITRF2005	2.6	1.0	−2.3	0.92	0.00	0.00	0.00	2010.0
速率	0.3	0.0	−0.1	0.03	0.00	0.00	0.00	
ITRF2000	0.7	1.2	−26.1	2.12	0.00	0.00	0.00	2010.0
速率	0.1	0.1	−1.9	0.11	0.00	0.00	0.00	
ITRF97	7.4	−0.5	−62.8	3.80	0.00	0.00	0.26	2010.0
速率	0.1	−0.5	−3.3	0.12	0.00	0.00	0.02	
ITRF96	7.4	−0.5	−62.8	3.80	0.00	0.00	0.26	2010.0
速率	0.1	−0.5	−3.3	0.12	0.00	0.00	0.02	
ITRF94	7.4	−0.5	−62.8	3.80	0.00	0.00	0.26	2010.0
速率	0.1	−0.5	−3.3	0.12	0.00	0.00	0.02	

续表

转换参数	$T_x/$ mm	$T_y/$ mm	$T_z/$ mm	$D/$ 10^{-9}	$R_x/$ 0.001″	$R_y/$ 0.001″	$R_z/$ 0.001″	历元
速率	$\dot{T}_x/$ (mm/a)	$\dot{T}_y/$ (mm/a)	$\dot{T}_z/$ (mm/a)	$\dot{D}/$ (10^{-9}/a)	$\dot{R}_x/$ (0.001″/a)	$\dot{R}_y/$ (0.001″/a)	$\dot{R}_z/$ (0.001″/a)	
ITRF93	−50.4	3.3	−60.2	4.29	−2.81	−3.38	0.40	2010.0
速率	−2.8	−0.1	−2.5	0.12	−0.11	−0.19	0.07	
ITRF92	15.4	1.5	−70.8	3.09	0.00	0.00	0.26	2010.0
速率	0.1	−0.5	−3.3	0.12	0.00	0.00	0.02	
ITRF91	27.4	15.5	−76.8	4.49	0.00	0.00	0.26	2010.0
速率	0.1	−0.5	−3.3	0.12	0.00	0.00	0.02	
ITRF90	25.4	11.5	−92.8	4.79	0.00	0.00	0.26	2010.0
速率	0.1	−0.5	−3.3	0.12	0.00	0.00	0.02	
ITRF89	30.4	35.5	−130.8	8.19	0.00	0.00	0.26	2010.0
速率	0.1	−0.5	−3.3	0.12	0.00	0.00	0.02	
ITRF88	25.4	−0.5	−154.8	11.29	0.10	0.00	0.26	2010.0
速率	0.1	−0.5	−3.3	0.12	0.00	0.00	0.02	

47. ITRF2020

ITRF2020 是国际地球参考框架的新实现。按照以前的 ITRF 解已经使用的程序,ITRF2020 使用四种空间大地测量技术(甚长基线干涉测量、卫星激光测距、卫星定位和多里斯系统)分析中心提供的观测站位置和地球定向参数(EOP)的输入数据的时间序列,以及并置站点的本地局部连接向量。从 ITRF2014 到 ITRF2020,观测站由 1 499 个增加至 1 835 个,其中包含 1 344 个卫星定位站、154 个甚长基线干涉测量站、136 个卫星激光测距站和 201 个多里斯系统站。其中除甚长基线干涉测量站外,其余观测站数量都略有增加。

ITRF2020 基于四种技术的再处理解,较 ITRF2014 有所改进。除了各技术分析中心对解进行改进外,ITRF2020 处理还包括:

(1)基于并置站局部连接向量对四种技术的时间序列进行综合时,对并置站点的测站速度以及季节性信号加约束相等条件。

(2)选择具有足够时间跨度的四种技术的站点,估计它们的年和半年周期项。

（3）通过拟合 GNSS/IGS 数据，确定地震台站的震后变形模型，然后将震后变形模型应用于地震并置站其他 3 个时间序列。

ITRF2020 解不仅提供常规估计值（测站历元坐标、测站速度和地球定向参数），还提供受大地震影响的测站震后变形参数模型，以及在质量中心框架和几何中心框架中表示的年和半年周期项。表 7 列出了 ITRF2020 和 ITRF2014 之间的 14 个转换参数（7 个转换参数和 7 个转换参数的速率）及其误差。

表 7　历元 2015.0 对应的 ITRF2020 至 ITRF2014 的转换参数及其速率

转换参数	$T_x/$ mm	$T_y/$ mm	$T_z/$ mm	$D/$ 10^{-9}	$R_x/$ $0.001''$	$R_y/$ $0.001''$	$R_z/$ $0.001''$
速率	$\dot{T}_x/$ (mm/a)	$\dot{T}_y/$ (mm/a)	$\dot{T}_z/$ (mm/a)	$\dot{D}/$ $(10^{-9}/a)$	$\dot{R}_x/$ $(0.001''/a)$	$\dot{R}_y/$ $(0.001''/a)$	$\dot{R}_z/$ $(0.001''/a)$
转换参数	−1.4	−0.9	1.4	−0.42	0.000	0.000	0.000
转换参数精度	0.2	0.2	0.2	0.03	0.007	0.006	0.007
速率	0.0	−0.1	0.2	0.00	0.000	0.000	0.000
速率精度	0.2	0.2	0.2	0.03	0.007	0.006	0.007

48. ITRF 框架之间的关系

不同参考框架的空间直角坐标可用布尔莎模型或其他模型转换，此处采用布尔莎模型，即

$$\begin{bmatrix} X_S \\ Y_S \\ Z_S \end{bmatrix} = \begin{bmatrix} X \\ Y \\ Z \end{bmatrix} + \begin{bmatrix} T_1 \\ T_2 \\ T_3 \end{bmatrix} + \begin{bmatrix} D & -R_3 & R_2 \\ R_3 & D & -R_1 \\ -R_2 & R_1 & D \end{bmatrix} \begin{bmatrix} X \\ Y \\ Z \end{bmatrix}$$

式中，X、Y、Z 为需转换框架的坐标，X_S、Y_S、Z_S 为转换框架后的坐标。

将参考历元 T_1 转换为 T_2，转换公式为

$$\begin{bmatrix} X_{T_2} \\ Y_{T_2} \\ Z_{T_2} \end{bmatrix} = \begin{bmatrix} X_{T_1} \\ Y_{T_1} \\ Z_{T_1} \end{bmatrix} + (t_2 - t_1) \begin{bmatrix} V_X \\ V_Y \\ V_Z \end{bmatrix}$$

式中，T_1 为原参考历元，T_2 为转换后的参考历元，$[V_X\ V_Y\ V_Z]^T$ 为控制点的速率。

49. IGS 参考框架

国际导航卫星系统服务(IGS)参考框架是采用卫星定位技术实现的国际地球参考系统。在 IGS 建立初期,IGS 分析中心利用一些基准站的国际地球参考框架坐标生成卫星导航精密星历。与国际地球参考框架解是联合四种空间大地测量技术的观测结果计算出来的不同,IGS 参考框架仅用卫星定位解,二者结果不一致。因此,自 ITRF97 后,IGS 从 2000 年开始使用自己的国际地球参考系统实现。为了保持其产品的内部一致性,生成长期参考框架 IGSyy,包括 IGS00、IGb00、IGS05(132 个基准站)、IGS08(232 个基准站)、IGB08、IGS14 和 IGS20。IGS 实现的框架精度与国际地球参考框架在 1 cm 内。

随着 IGS 的建立,国际地球参考框架与全球导航卫星系统的关系更加密切。IGS 同国际地球自转和参考系统服务(IERS)紧密合作,一方面 IERS 负责产生国际地球参考框架的基准站坐标、速度和地球自转参数,另一方面 IGS 提供全球卫星定位观测数据并改进国际地球参考框架解。IGS 产品对应的国际地球参考框架如表 8 所示。

表 8　IGS 产品对应的国际地球参考框架

IGS	ITRF	GPS 周	IGS 框架对应的日期	ITRF 框架对应的日期
	ITRF92	0730—0781		1994-01-02—1994-12-31
	ITRF93	0782—0859		1995-01-01—1996-06-29
	ITRF94	0860—0947		1996-06-30—1998-03-07
	ITRF96	0948—1020		1998-03-08—1999-07-31
	ITRF97	1021—1064		1999-08-01—2001-12-01
IGS97		1065—1142	2000-06-04—2001-12-01	
IGS00	ITRF2000	1143—1252	2001-12-02—2004-01-10	2001-12-02—2006-11-04
IGb00		1253—1399	2004-01-11—2006-10-04	
IGS05	ITRF2005	1400—1585	2006-11-05—2011-04-16	2006-11-05—2010-05-30
IGS08	ITRF2008	1586—1631		2010-05-31—2016-01-20
		1632—1708	2011-04-17—2012-10-06	
IGb08	ITRF2014	1709—1880	2012-10-07—2017-1-28	2016-01-21—2022-11-26
IGS14		1881—1933		
		1934—2237	2017-1-29—2022-11-26	
IGS20	ITRF2020	2238—	2022-11-27—	2022-11-27—

50. 2000 国家大地控制网

2000 国家大地控制网是 2000 国家大地坐标系的实现,包括 2000 国家 GPS 大地控制网,以及在 2000 国家 GPS 大地控制网的基础上完成的由天文大地网联合平差获得的 ITRF97 下的近 5 万个一、二等天文大地网点。

按精度不同,2000 国家大地控制网点可划分为三个层次:

(1) 2000 国家 GPS 大地控制网中的卫星导航定位基准站(CORS),其坐标精度为毫米级。

(2)原国家测绘局 GPS A、B 级网,原总参测绘局 GPS 一、二级网,由中国地震局、原总参测绘局、中国科学院、原国家测绘局共建的中国地壳运动观测网,以及其他地壳形变 GPS 监测网中除了卫星导航定位基准站(CORS)以外的所有站等。2000 国家 GPS 大地控制网提供的地心坐标的精度平均优于 3 cm。

(3)2000 国家大地坐标系下的一、二等天文大地网点。

原国家测绘局和原总参测绘局分别完成了国家天文大地网与 2000 国家 GPS 大地控制网的观测数据联合处理,获得了我国一、二等 48 919 个天文大地网点的高精度地心坐标,平均点位精度达到 0.11 m。

51. 2000 国家 GPS 大地控制网

2000 国家 GPS 大地控制网包括:由原国家测绘局布设的 A、B 级网,由原总参测绘局布设的 GPS 一、二级网,由中国地震局、原总参测绘局、中国科学院、原国家测绘局共建的中国地壳运动观测网,以及其他地壳形变 GPS 监测网等。对所有参加三网平差的 GPS 网点进行筛选和相邻点合并,最后选取了 2 542 个 GPS 大地控制点(其中 25 个卫星导航定位基准站)参加 2000 国家 GPS 大地控制网的数据处理,通过联合数据处理将基准站坐标统一归算到参考框架 ITRF97、参考历元 2000.0 下。处理后网点相对精度优于 10^{-7},2000 国家 GPS 大地控制网提供的基准站平均坐标精度优于 3 cm,可满足现代测量技术对地心坐标的需求,同时为建立我国新一代的地心坐标系奠定了坚实的基础。

52. 海洋测量大地控制网

我国海洋测量大地控制网由 285 个国家 B 级(GNSS)大地控制点组成,主要集中在沿岸的 200 km 带宽内,包括多普勒点、水准点、形变点、海岛点和验潮站点等,其中海岛点 21 个。

海洋测量大地控制网为海图所属坐标系的基准站,主要用于海图的测量,以及获得海上地物在 2000 国家大地坐标系下的坐标。由于海图所用的投影不同于陆地所用的高斯-克吕格投影,所以地物在海图上表示的平面位置与陆地有差异。

53. 全球导航卫星系统

全球导航卫星系统(GNSS)是基于空基无线电的导航定位系统。GNSS 是可以为用户提供地面(近地面)空间任何位置的三维坐标、速度及时间信息的尖端技术。其主要工作原理是通过至少 4 颗卫星的空间坐标(该坐标可从卫星的导航电文中得到),以及从卫星处发出的无线电信号对目标点进行距离测定,运用空间测距交会定点原理,确定地面(近地面)目标物的空间位置。全球导航卫星系统是一个综合了各个层面、多种系统、不同定位模式的复杂组合系统,能为地空领域的用户提供全天候、连续时段、高精度的定位、导航和授时服务。

从广义上看,GNSS 具有全球型、区域型和增强型等类型。全球型的导航卫星系统有美国的全球定位系统(GPS)、俄罗斯的格洛纳斯导航卫星系统(GLONASS)、欧盟的伽利略导航卫星系统(Galileo)和中国的北斗导航卫星系统(BDS);区域型的导航卫星系统有日本准天顶导航卫星系统(QZSS)和印度区域导航卫星系统(IRNSS,现已改称为NavIC,译为纳维系统或星座导航系统);增强型的导航卫星系统有美国广域增强系统(WAAS)、俄罗斯差分校正和监测系统(SDCM)、欧洲星基增强系统(EGNOS)、日本星基增强系统(MSAS)、印度星基增强系统(GAGAN)、中国北斗星基增强系统(BDSBAS)等。

54. 全球定位系统

全球定位系统(GPS)是美国国防部从 1973 年开始建设的,是能实时连续提供三维位置及精确时间的导航卫星系统。其建设历程分为三个阶段:第一阶段为可行性研究阶段,研制、测试地面接收机,测试第一代试验卫星;第二阶段为全面研制阶段,研究、制造各种用途的接收机,发射了 BLOCK Ⅰ 试验卫星,给部分特许用户开放二维定位服务;第三阶段为实用组网阶段,24 颗卫星完整星座组网成功,实现全面运行。

随着 2000 年 5 月美国关闭 GPS 的选择可用性(SA)功能,将 GPS 民用信号定位误差从 100 m 降低到 10 m,从此开启了 GPS 的全面现代化进程。GPS 空间星座部分的现代化,同样有三个阶段:第一阶段 (2005—2009 年),发射 BLOCK ⅡR-M 系列卫星,增加第二个民用信号 L2C 和军用 M 码信号,M 码具有加强的抗干扰能力;第二阶段 (2010—2016 年),发射 BLOCK ⅡF 系列卫星,新增第三个民用信号 L5,加强了所有信号的质量、强度和准确性,升级了原子钟,2010—2016 年间共发射了 12 颗 BLOCK ⅡF 卫星;第三阶段(2018 年至今),2018 年发射第 1 颗 BLOCK Ⅲ卫星,2023 年 1 月 18 日第 6 颗 BLOCK Ⅲ 卫星成功发射。BLOCK Ⅲ卫星共计 10 颗,将补充并最终取代目前的 GPS 卫星星座,提升维持能力并提供新的信号。较之前的卫星,BLOCK Ⅲ卫星定位精度提升了 3 倍,抗干扰能力提升了 8 倍,并全面兼容 M 码,新增第 4 个民用信号 L1C,与欧盟的伽利略导航卫星系统兼容,增强了信号的可靠性、准确性和完整性。未来将继续发射 BLOCK ⅢF 系列卫星,计划 2026 年发射首颗 BLOCK ⅢF 卫星,2034 年完成部署,增加激光反射测距技术和国际搜救服务等。BLOCK Ⅰ、BLOCK Ⅱ、BLOCK ⅡA、BLOCK ⅡR、BLOCK ⅡR-M、BLOCK ⅡF、BLOCK Ⅲ、BLOCK ⅢF 是 GPS 各代卫星的名称。BLOCK Ⅰ 是原型卫星,BLOCK Ⅱ 是目前的基本工作卫星,BLOCK ⅡR 是补充卫星,

BLOCK ⅢF 是下一代卫星。GPS 卫星发展历程及特性如表 9 所示。

表 9 GPS 卫星参数表

卫星型号	服务时间	信号种类	频点/MHz	寿命/年	增加特性
BLOCK ⅡA	1990—1997 年	L1(C/A)、L1(P)、L2(P)	1575.42 1227.6	7.5	
BLOCK ⅡR	1997—2004 年	L1(C/A)、L1(P)、L2(P)		7.5	板卡钟监测功能
BLOCK ⅡR-M	2005—2009 年	增加 L2(C)	1227.6	7.5	M 码抗干扰
BLOCK ⅡF	2010—2016 年	增加 L5	1176.45	12.0	高级原子钟,增强准确度、信号强度和质量
BLOCK Ⅲ	2018 年开始	增加 L1(C)	1176.45	15.0	无 SA,增强信号可靠性、完备性、准确性激光反射功能、负载搜索、救援功能
BLOCK ⅢF	2026 年开始				

注:信号种类"增加"均是在时间轴前期已有信号类型基础上增加。

GPS 地面段包括 1 个主控站、1 个备用主控站、11 个地面天线和 16 个监测站。主控站位于美国科罗拉多州的施里弗太空军基地,备用主控站位于美国加利福尼亚州的范登堡太空军基地,地面天线包括 4 个 GPS 专用地面天线和 7 个空军卫星控制网远程追踪天线,监测站包括 6 个空军监测站和 10 个美国智能化地理空间局监测站。升级硬件的同时,也对地面控制系统进行了升级建设,建立了全新的地面控制段体系结构,增加了对新导航信号的监测和对 BLOCK Ⅲ 卫星新增特性的管理和控制等功能。

55. *格洛纳斯导航卫星系统*

经过多年的发展,截至 2020 年 4 月,俄罗斯的格洛纳斯导航卫星系统(GLONASS)的空间星座部分有 30 颗在轨卫星,包括 3 颗地球静止轨道(GEO)卫星、27 颗中圆地球轨道(MEO)卫星,其中 MEO 卫星在轨运行 24 颗,在轨备份 2 颗,在轨测试或维护 1 颗。格洛纳斯导航卫星系统空间 MEO 卫星现代化按照 GLONASS-M、GLONASS-K、GLONASS-K2 三个阶段推进,计划于 2025 年开始使用 GLONASS-K、GLONASS-K2 卫星,2030 年前发射 26 颗全新 GLONASS-K2 卫星,完全替代现有的 GLONASS-M 卫星。俄罗斯加快 MEO 卫星更新换代的同时,计划增加倾斜地球同步轨道(IGSO)和 GEO 卫星,构建 GLONASS 混合星座,全面提升系统性能。

格洛纳斯导航卫星系统地面部分包括 1 个系统控制中心、3 个处理中心、3 个激光测距站、5 个注入站、8 个监测站和 38 个全球监测站;区域增强站包含 77 个交通站和 4 104 个测绘局站。格洛纳斯导航卫星系统提供两种导航信号——标准精密导航信号及高精密导航信号。

56. 北斗导航卫星系统

北斗导航卫星系统(BDS,简称"北斗系统")是中国着眼于国家安全和经济社会发展需要,自主建设运行的全球导航卫星系统。我国坚持"自主、开放、兼容、渐进"的原则,稳步推进北斗系统建设发展,形成了"三步走"发展战略:2000 年,建成北斗一号系统,向中国提供服务;2012 年,建成北斗二号系统,向亚太地区提供服务;2020 年,全面建成北斗三号系统正式向全球提供服务。2019 年 9 月 23 日,成功发射第 47、48 颗北斗卫星。2019 年 11 月 5 日,成功发射第 49 颗北斗卫星。2019 年 12 月 16 日,以"一箭双星"方式成功发射第 52、53 颗北斗卫星。2020 年 3 月 9 日,成功发射第 54 颗北斗卫星。2023 年 5 月 17 日,成功发射第 56 颗北斗卫星。第 56 颗卫星实现了对现有地球静止轨道卫星的在轨热备份,增强了系统的可用性和稳健性,提升了系统现有区域短报文的通信容量,提高了星基增强和精密单点定位服务性能,有助于用户实现快速高精度定位。2023 年 12 月 26 日,发射第 57、57 颗北斗卫星。截至 2023 年底,北斗系统在轨服务卫星共 48 颗,卫星健康状态良好,在轨运行稳定。

北斗系统可提供定位导航授时、全球短报文通信、区域短报文通信、国际搜救、星基增强、地基增强、精密单点定位共 7 类服务,是功能强大的全球导航卫星系统。北斗系统由空面段、地面段和用户段三部分组成,现今全球范围水平定位精度优于 9 m,垂直定位精度优于 10 m,测速精度优于 0.2 m/s,授时精度优于 20 ns。

57. 伽利略导航卫星系统

伽利略导航卫星系统(Galileo)是欧盟的导航卫星系统,是由欧盟建设的第一个具有商业性质的完全民用的导航卫星系统。1999 年 2 月该计划公布,完整的伽利略星座由 30 颗 MEO 卫星组成,包括 24 颗工作卫星、6 颗备用卫星。2003 年伽利略计划开始实施并进行了关键算法验证。2005—2008 年 GIOVE-A 和 GIOVE-B 两颗试验卫星升空,试验考证了系统的关键技术。2013 年 Galileo 完成了在轨 4 颗完全工作卫星和地面段的联合试验。2014—2016 年 Galileo 达到初始运行能力,但由于一些问题,尚未达到完全运行状态。

截至 2020 年 4 月,Galileo 空间段共有 26 颗在轨卫星,包括 22 颗完全运行能力(FOC)卫星、4 颗在轨验证(IOV)卫星。地面部分包括 2 个主控站、6 个遥测遥控站、10 个上行站和约 40 个监测站。在完全建成后,除了已有的授权服务(PRS)、开放服务(OS)、搜救服务(SAR),还将提供高精度服务(HAS)和商业身份验证服务(CAS)。Galileo 能较好地与其他导航卫星系统互操作,E1 和 E5a 两个信号的中心频率与 GPS 的 L1 和 L5 信号重合,一个 E5b 信号的中心频率与格洛纳斯的 G3 信号重合,通过互操作可提高定位精度。第二代 Galileo 计划于 2025 年发射第二代卫星,2035 年完成第二代系统建设。

58. 多里斯系统

多里斯系统(DORIS)是一种用于精确定轨和精确地面定位的多普勒卫星跟踪系统。自 1990 年以来,这种双重功能使多里斯系统在许多实践中得到了应用。该系统用于海洋或冰原测高任务,如使用 TOPEX/Poseidon 卫星进行地球形状和运动的研究,以及许多不同卫星配备多里斯系统接收器进行定位服务。该系统自 SPOT2 号遥感卫星发射以来投入使用,卫星实时轨道精度优于 10 cm,事后处理轨道精度可达 1 cm。该系统还测量和计算电离层改正。

59. 甚长基线干涉测量

甚长基线干涉测量(VLBI)是 20 世纪 60 年代后期发展起来的射电干涉测量技术,最初的射电干涉测量技术是应用传统天文学的射电望远镜对遥远距离的射电星进行成像。在相距数千或上万千米的两个或多个观测站上,各安置一台抛物面天线口径较大的射电望远镜,在同一时刻对同一宇宙射电源(如射电星系核或类星体)进行观测,接收机将天线接收的微弱无线电信号放大,并转换为中频信号(100~150 MHz)。对两个或多个观测站数据进行干涉处理,得到站间时间延迟差,即延迟量。甚长基线干涉测量获得的基线相对精度可达 10^{-9},空间分辨率可达亚毫角秒,即以毫米的精度测量数千千米或更长的基线。

这种测量技术具有超高空间分辨率、全天候观测、高精度相对定位等优点,在天体物理、大地测量、地球物理、深空探测等方面得到广泛应用。甚长基线最长约 12 707 km;甚长基线干涉测量站几乎都分布在北半球,缺少南北方向的长基线。此外,这种测量技术只能测定两站的相对位置,而不能独立地测定地心坐标。

60. 卫星激光测距

卫星激光测距(SLR)是利用安置在地面上的卫星激光测距系统所发射的激光脉冲,跟踪观测装有激光反射棱镜的人造地球卫星,以测定测站与卫星之间距离的技术和方法。

卫星激光测距是目前单次直接测距精度最高的卫星测距技术,可用于地球动力学、大地测量学、地球物理学和天文学等研究。早在 20 世纪中期,卫星激光测距数据就用于纬度和极移变化的确定,这些研究为卫星激光测距技术在地球自转参数解算方面的广泛应用提供了理论和实践基础。1979 年,美国国家航空航天局(NASA)利用卫星激光测距技术求得两个测站间的基线变化率,证明卫星激光测距技术可用于板块运动监测。利用卫星激光测距技术可以发现地球引力场低阶球谐系数的季节性变化,可以解算海潮参数、勒夫数等地球动力学参数,可以测定地心运动序列的年变化和季节性变化,而且测定地极坐标分量的精度达到 $0.1 \sim 0.2$ mas(毫角秒),日长的测定精度可达 0.1 ms。

61. 卫星导航定位基准站

卫星导航定位基准站(CORS)是指对卫星导航信号进行长期连续观测,并通过通信设施将观测数据实时或者定时传送至数据中心的地面固定观测站。此类基准站设备主要包括卫星导航定位信号接收机及其附属设备、雷电防护设备、网络通信设备、机柜、不间断电源设备、视频监控设备等。

62. 中国地壳运动观测网络工程

中国地壳运动观测网络工程包括基准网、基本网和区域网,共 1 222 个点,其中基准网点 25 个,基本网点 56 个。该网络工程于 1998—2002 年间布测。平差中采用的坐标框架和历元分别为 ITRF96 和 1998.680。平差后的点位地心坐标精度总体优于 10^{-8} 量级。

(1)基准网。已由原 25 个 GPS 基准站增加到 29 个,部分站具有甚长基线干涉测量和卫星激光测距等观测技术手段,相邻站距离平均约为 700 km,主要功能是监测中国大陆一级块体的构造运动。中国陆地有六大块体,除南海块体外,每个块体上至少有 3 个基准站。基准网基本覆盖了对中国大陆一级块体运动的监测,能有效监测大尺度地壳运动和构造变形。1998 年,完成了基准网的选建(包括新建和改建),新建的基准站全部建在基岩上,相邻基准站间 GPS 基线长度年变化率测定精度优于 2 mm,实测精度为 1.3 mm。GPS 卫星精密定轨精度为:与 IGS 联网优于 0.5 m,独立定轨优于 2 m,实际达到 0.3 m 和 0.5 m。

(2)基本网。由 56 个定期复测的 GPS 基准站组成。作为基准网的补充,基本网用于一级块体本身及块体间的地壳运动的监测。将基本网与基准站一起均匀布设,平均站距约为 350 km。1998 年 7 月完成了选址和基建工程,所有站点均建在基岩上,质量全优;1998 年、1999 年和 2000 年完成了 3 次坐标测定,资料质量优良率为 98% 以上。基本网设计的技术指标是相邻站间 GPS 基线每期测定的精度,具体为水平分量优于 5 mm,垂直分量优于 15 mm。实测达到的精度为水平分量优于 3 mm,垂直分量优于 10 mm。

(3)区域网。由 1 000 个不定期复测的 GPS 基准站组成,分 10 个监测区布设。其中,约 700 个基准站集中分布在主要构造带和地震带上,用于监测它们的活动状况,主要为地震预报服务;约 300 个基准站均匀分布在全国,作为基准网和基本网的补充,用于监测主要地块的运动,并兼顾大地测量和国防建设的需要。1998 年 8 月完成了选址和基建工程,质量全部达到优良;1999 年 3 月至 8 月和 2001 年 3 月至 8 月完成了两次坐标测定工作,数据质量全部优良。区域网设计的技术指标与基本网一样,是相邻站间 GPS 基线每期测定的精度,具体为水平分量优于 5 mm,垂直分量优于 15 mm。计算结果表明,实测精度达到了水平分量优于 3 mm,垂直分量优于 10 mm。与传统测量方法比较,观测效率提高了几十倍,精度提高了近 3 个数量级,实现了全国准同时监测。

63. GPS A、B 级网

GPS A、B 级网由原国家测绘局组织观测,A 级网还要进行定期复测。国家 GPS A 级网由 30 个主点和 22 个副点组成,均匀分布在中国大陆地区。大部分点进行了水准联测,点间距离平均约为 650 km。国家 GPS A 级网初测在 1992 年 7 月 25 日至 8 月 5 日进行,对 27 个主点和 6 个副点进行了 11 个昼夜的连续同步观测。A 级网复测在 1996 年 5 月 8 日至 5 月 17 日进行,对 52 个主、副点进行了 10 个昼夜的连续同步观测。

1991—1997 年,由原国家测绘局组织建立了覆盖全国的国家 GPS B 级网。国家 GPS B 级网由 818 个点组成,其中新埋设 89 个点,大部分点位重合了原国家天文大地网的天文点、三角点或重力点。对全部国家 GPS B 级网点都进行了水准联测。考虑我国幅员辽阔、经济发展不平衡的特点,国家 GPS B 级网的布设采用了不同的分布密度,其中沿海经济发达地区平均点间距为 50～70 km,中部地区为 100 km,西部地区为 150 km。A、B 级网平差中采用的参考框架和历元分别为 ITRF93 和 1996.365。A、B 级网平差后的点位地心坐标精度为 10^{-7} 量级。

64. GPS 一、二级网

GPS 一、二级网由原总参测绘局于 1991—1997 年实测,共 553 个 GPS 基准站,均匀地分布于全国(除台湾省以外)的陆地、海域和南海重要岛礁,总体结构为全面连续网。除南海岛礁外,其余各点均为国家天文大地网点,同时也是水准点或水准联测点。相邻点间距离最大为 1 667 km,最小为 86 km,平均约为 680 km。其中,一级网有 44 个站,于 1991—1992 年观测,均匀分布于全国;二级网在一级网的基础上布设,由 534 个点组成,均匀分布于陆地与南海重要岛礁。二级网是一级网的加密,有 200 多个点与国家天文大地网点重合,所有点都进行了水准联测。全国平均相邻点间距离为 164.8 km,一、二级网平差中采用的坐标框架和历元分别为 ITRF96 和 1997.0。一、二级网平差后的点位地心坐标精度为 10^{-8} 量级。

65. 中国大陆构造环境监测网络

中国大陆构造环境监测网络简称“陆态网”,是以卫星定位观测为主,辅以甚长基线干涉测量、卫星激光测距等空间技术,并结合精密重力和水准测量等多种技术手段,建成的由 260 个连续观测站和 2 000 个不定期观测站构成的覆盖中国大陆的高精度、高时空分辨率的自主研发数据处理系统的观测网络。

陆态网主要用于监测中国大陆地壳运动、重力场形态及变化、大气圈对流层水汽含量变化及电离层离子浓度变化,为研究地壳运动的时空变化规律、构造变形的三维精细特征、现代大地测量基准系统的建立和维持、汛期暴雨的大尺度水汽输送模型等科学问题提供基础资料。

陆态网可监测我国大陆岩石圈、近海近地空间的物质结构和四维构造形态的变化，认知现今地壳运动和动力学的总体态势，主要服务于地震预测预报，同时服务于军事测绘保障、大地测量和气象预报，兼顾科学研究、教育发展、社会减灾和经济建设。

主要观测数据有：

(1)260 个卫星导航定位基准站连续观测数据。

(2)30 个相对重力连续观测数据。

(3)2 000 余个区域卫星导航定位基准站联测观测数据。

(4)国内甚长基线干涉测量和卫星激光测距观测数据。

(5)100 个基准点绝对重力观测数据。

66. 国家现代测绘基准体系基础设施

为了建成覆盖我国陆域国土的具有合理分布密度的国家基准控制网，原国家测绘地理信息局实施大地基准现代化工程，国家卫星导航定位基准站建设是"国家现代测绘基准体系基础设施建设一期工程"的核心内容。国家卫星导航定位基准站是国家大地基准框架的主体，可以获得高精度、稳定、连续的观测数据，维持国家三维地心坐标框架；同时，具备提供精确的站点三维位置信息变化、实时定位和导航信息、导航卫星轨道信息以及高精度连续时频信号等的能力。按设计，一期工程建设 360 个卫星导航定位基准站，其中新建 150 个站，改造 60 个站，利用 150 个站；站点间距为东部地区 70～150 km，西部地区 200～300 km。

通过新建、改造和数据共享等方式，整合建设全国 2 600 个站规模的国家级卫星导航定位基准站网，维持我国整个陆海国土三维地心坐标框架的统一性、高精度和现势性，将其作为国内用户在陆海国土范围内获取分米级或米级实时动态空间位置的基础，并为我国建设导航卫星系统提供参考框架的支持。

67. 高程系统

常用的高程系统有两种,即正高系统和正常高系统,我国采用正常高系统。正高系统以大地水准面作为高程的起算面,而正常高系统以似大地水准面作为高程的起算面。大地水准面是与平均海水面最佳密合的重力等位面,而似大地水准面不是等位面。正常高、正高与参考椭球面的关系如图 5 所示。

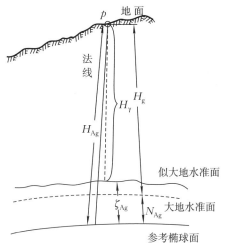

图 5　正常高、正高与参考椭球面的关系示意

大地高 H_{Ag}:地面点沿参考椭球面的法线方向到参考椭球面的距离。

正高 H_g:地面点沿铅垂线方向到大地水准面的距离。

正常高 H_γ:地面点沿正常重力线方向到似大地水准面的距离。

大地水准面差距 N_{Ag}:大地水准面到参考椭球面的距离。

高程异常 ζ_{Ag}:似大地水准面到参考椭球面的距离。

采用正高系统时, $H_{Ag} = H_g + N_{Ag}$。

采用正常高系统时, $H_{Ag} = H_\gamma + \zeta_{Ag}$。

68. 高程基准面

高程基准面就是地面点高程的统一起算面,由于大地水准面与整个地球较为接近,因此通常采用大地水准面作为高程基准面。

长期观测海水面水位升降的工作称为验潮,进行这项工作的场所称为验潮站。各地的验潮结果表明,不同地点平均海水面之间存在差异。因此,对于一个高程系统来说,可将根据一个或多个验潮站所求得的平均海水面作为高程基准面。

69. 1956 年黄海高程系统

1956 年我国根据基本验潮站应具备的条件,认为青岛验潮站位置适中,地处我国海岸线的中部,其所在港口是有代表性的规律性半日潮港,避开了江河入海口,而且具有外海海面开阔、无密集岛屿和浅滩、海底平坦及水深在 10 m 以上等有利条件。因此,1957 年确定青岛验潮站为我国基本验潮站,将验潮井建在地质结构稳定的花岗石基岩上。

1956 年,国务院批准试行《中华人民共和国大地测量法式(草案)》,首次以黄海平均海水面建立国家高程基准。后来一般称为 1956 年黄海高程系统,简称"黄海基面"。1956 年黄海高程系统是以根据青岛验潮站 1950—1956 年验潮资料求得的平均海水面为零米的高程系统。原点设在青岛市观象山,以 1956 年黄海高程系统计算的该原点高程为 72.289 m。

70. 1985 国家高程基准

1985 国家高程基准依据的黄海平均海水面是利用青岛验潮站 1952—1979 年验潮数据,采用中数法的计算值推算出来的,比 1956 年黄海高程系统的平均海水面高 2.9 cm。此高程基准面是全国高程的统一起算面,原点起算高程为 72.260 m,称为 1985 国家高程基准,于 1987 年正式公布启用。

71. 水准原点

　　为了长期、牢固地表示高程基准面的位置,必须建立稳固的水准原点作为传递高程的起算点,用精密水准测量方法将它与验潮站的水准标尺进行联测,以高程基准面为 0 m,推求水准原点的高程,再以原点高程作为全国各地推算高程的依据。在 1985 国家高程基准中,我国的水准原点建于青岛,高程为 72.260 m。标石构造如图 6所示。

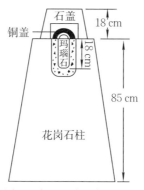

图 6　水准原点的标石构造

72. 卫星定位高程测量

　　卫星定位高程测量,也习惯称为 GNSS 水准测量,是一种结合卫星定位测量与水准测量在局部范围内利用高程异常求得正常高的方法。通过选取一定数量均匀分布的点位,进行卫星定位测量和水准测量,分别得到这些点的大地高和正常高,从而得到这些点的高程异常;然后根据这些点的高程异常,利用数值拟合方法得到区域内高程异常模型,根据点位坐标由模型计算区域内其他点的高程异常,将卫星定位测量的大地高转换为正常高。

73. CQG2000

2000 中国似大地水准面模型(CQG2000)是我国研制的陆海统一的似大地水准面模型。2000 年利用约 40 万个地面重力点数据、$18.75'' \times 28.125''$ 地形数据,以及 GEOSAT ERM/GM、ERS-1 ERM/GM、ERS-2 ERM 和 TOPEX/Poseidon 等卫星测高海洋重力异常数据研制了陆海统一重力似大地水准面模型,与 GPS/水准数据拟合后得到似大地水准面模型,称为 CQG2000,模型分辨率为 $5' \times 5'$。CQG2000 与全国分布均匀的 671 个 GPS 水准点(GPS A 级网点 28 个,GPS B 级网点 643 个)比较的精度为 0.44 m。以北纬 36°和东经 108°为界,划分为 4 个区,CQG2000 与 GPS 水准拟合的结果分别为东北区 ± 0.28 m、东南区 ± 0.30 m、西北区 ±0.44 m 以及西南区 ±0.47 m。

74. EGM96

1996 地球重力场模型(EGM96)是由美国有关机构(NIMA、NASA/GSFC、DoD)联合研制的地球重力场模型。该模型采用球谐函数展开,最高阶为 360,模型的分辨率为 $30' \times 30'$。该模型采用的数据有三种:一是地面重力数据;二是由 GEOSAT、TOPEX/Poseidon、ERS 等卫星测高数据推算的重力异常数据;三是通过卫星激光测距、跟踪与数据中继卫星系统(TDRSS)以及星载 GPS 等获取的卫星跟踪数据。

75. EGM2008

2008 地球重力场模型(EGM2008)是由美国国家地理空间情报局(NGA)研制的超高阶地球重力场模型。该模型的完全阶次为 2 159,部分系数最高阶达到 2 190,最高次达到 2 159,模型的空间分辨率约为 $5' \times 5'$。该模型采用的 $5' \times 5'$ 空间重力异常综合了地面重力数据、卫星测高推算的海域重力异常数据,以及航空重力数据等,同时还采用了

ITG-GRACE03S 位系数以及相应的协方差信息。ITG-GRACE03S 是由德国波恩大学理论大地测量研究所研制的地球重力场模型,该模型采用了 2002 年 9 月至 2007 年 4 月共 56 个月的重力恢复和气候实验(GRACE)卫星跟踪数据,模型最高阶次为 180。

76. 数值(似)大地水准面模型

实际应用中,通常采用地球重力场模型、重力数据、地形数据以及卫星定位高程测量数据等,确定局部(似)大地水准面,这样确定的(似)大地水准面一般以格网形式给出,可称为数值(似)大地水准面模型。

框架维持篇

77. 坐标参考框架维持

坐标参考框架维持是指基准站在某一历元下的坐标确定后,当基准站位置发生较大变化或坐标精度受到影响而不满足用户需求时,定期对坐标参考框架进行更新。坐标参考框架维持通常包含:

(1)坐标参考框架基准站位置变化的描述。线性速度描述的是基准站相对于坐标参考框架的规则运动,不能反映负载效应、未建模的季节性形变和跃变、地面点受到潮汐等不规则摄动力的影响。这些不规则运动在坐标参考框架建立时无法用一个确定的表达式描述,因此,需要建立关于这些影响的理论和经验模型,使任意时刻基准站的位置与坐标参考框架相一致。

(2)坐标参考框架的更新。在引起基准站不规则运动的各因素中,负载效应可以利用模型加以改正,而未建模的非线性形变会导致坐标参考框架变形。因此,维持坐标参考框架的长期精确性和自洽性是通过监测、分析基准站网质量来实现的。当基准站坐标影响使用时,应更新坐标参考框架。

(3)轨道、钟差、地球定向参数等产品,以及这些产品与坐标参考框架间的一致性的维持。这是坐标参考框架维持的一个重要方面。轨道产品实际上就是星历框架。不断更新、发布与相应地基框架一致的轨道产品,就是对星历框架的维持。

78. 板块及板块运动

地壳运动是由地球内部原因引起的地球组成物质的机械运动,以及由内营力引起的地壳结构改变、地壳内部物质变位的构造运动。地壳运动可以引起岩石圈的演变,促使大陆、洋底的增生和消亡,形成海沟和山脉,同时还导致地震发生、火山爆发等。

板块构造学说是 1968 年法国地质学家提出的一种新的大陆漂移说。板块指的是岩石圈板块,包括整个地壳和上地幔顶部,也就是地壳和软流层以上的地幔顶部。板块运动是指地球表面一个板块相对于另一个板块的运动。法国地质学家勒皮雄把地球的岩石层划分为六大板块，即亚欧板块、美洲板块、非洲板块、印度洋板块、太平洋板块、南极洲板块，所有这些板块都漂浮在具有流动性的地幔软流层之上。随着软流层的运动，各板块也会发生相应的水平运动。在运动学里，欧拉旋转定理（Euler's rotation theorem）表明，在三维空间里，假设一个刚体在做旋转运动的时候，刚体内部至少有一点固定不动，则该刚体的位移等价于绕着包含这个固定点的固定轴旋转的距离。板块运动遵循欧拉旋转定理。

板块内部比较稳定，板块交界处是地壳活动地带。板块相撞挤压地区常形成山脉，板块移动张裂地区形成裂谷或海洋，从而形成地球表面基本面貌。

相比较而言，地壳运动所指的范围比板块运动大。板块运动主要指的是岩层运动，而地壳运动还包括岩浆运动等。

79. 基于板块运动改正的坐标参考框架维持方法

基准站建立在地球表面，与地壳板块一起运动。如果板块是刚体，则板块运动代表基准站的运动，同时根据板块运动模型也可以推算出板块上任一点的运动趋势。因此，基于板块运动改正的坐标参考框架维持方法是指：先根据基准站所在板块运动确定其运动速率，再按照基准站线性运动的假设，将任意时刻的基准站坐标改正到 2000 国家大地坐标系下所需历元。在具体应用该方法时，需知道板块运动引起的基准站速度。

80. 卫星导航定位基准站坐标转换到 2000 国家大地坐标系的方法

卫星导航定位基准站坐标转换到 2000 国家大地坐标系时，需将基准站坐标所基于的国际地球参考框架（ITRF）转换到 2000 国家大地坐标系所在的 ITRF97，同时考虑由基准站所在板块的运动引起的从历元 2000.0 到当前历元的位置变化。将当前历元下的基准站坐标转换到 2000 国家大地坐标系，具体需经过如下三个步骤：

（1）不同国际地球参考框架间转换参数的历元归算。依据国际地球参考框架间各转换参数的变化率,将各参数从对应的参考历元归算到转换历元。国际地球参考框架间如无直接转换关系,可按间接方法转换。

(2)板块运动改正。使用 CPM-CGCS2000 速度场模型或格网速度场模型,计算基准站坐标从观测历元到转换历元期间,由板块运动引起的坐标变化,即通过观测历元与转换历元的历元差,求出由框架变化引起的现今框架所对应历元下的坐标变化值,进行板块运动改正;也可以基于多年的观测数据计算得到该基准站的速度场。

(3)坐标转换。利用布尔莎模型及步骤(1)确定的转换参数进行不同国际地球参考框架间的坐标计算。

81. 大型卫星定位测量观测网数据处理策略和方法

大型卫星定位测量观测网数据处理策略和方法主要包括基准站选取策略、大网数据解算策略、板块运动站位置改正策略等。

(1)基准站选取策略。在全球基准站范围内筛选,满足以下条件:①基准站连续观测 3 年以上,剔除观测年数不够以及处理过程中不连续和观测质量较差的站点;②基准站稳定性好,坐标时序运动趋势比较有规律;③基准站速度场精度优于 3 mm/a;④基准站在国际上至少 3 个分析中心解算的速度场残差优于 3 mm/a;⑤基准站尽量全球分布;⑥基准站的位置和速度的精度应当一致;⑦基准站的运动速率和方向与所在板块的运动速率及方向基本一致。

(2)大型数据解算策略。大型数据解算常规处理时先要分区。由于基准站分布的密度和均匀性不一致,常规地理分区方法会使各分区差别较大,因此可采用全域平行分区的间距分区法。该方法保证了各区基准站分布基本一致,解算基准点一致,可最大限度地提高解的精度。具体分区时可先将整个区域格网化,计算每个格网中的站数,根据总站数计算分区数,根据分区数再综合考虑站间距离,将密集格网中的站点分配到不同区。

(3)板块运动站位置改正策略。卫星导航定位基准站坐标转换到 2000 国家大地坐标系下常用的两种方法是在 2000 国家大地坐标系下的拟稳平差和板块运动改正,两者结果差异在 10 cm 左右。板块运动改正方法需要知道时间差及运动速度,时间差为观测历元与转换历元的历元差,时间差和运动速度之积为由板块运动引起的坐标变化量,可根据具体时间后推(早于观测历元)或前推(迟于观测历元)进行板块运动改正。

82. 历元参考框架

历元参考框架(ERF)相对于国际地球参考框架(ITRF)的长期框架而言,同样是综合卫星定位测量、卫星激光测距和甚长基线干涉测量技术,实现了国际地球参考系统(ITRS)的逐时(每周、每月)框架。与单技术每周解相比,这种组合可以利用每种空间大地测量技术的优势。

历元参考框架的实现与国际地球参考框架的长期框架一样,基于相同的输入数据,在解算的同时对基准站坐标和地球定向参数进行改正,但不估计站点速度。历元参考框架中可用局部连接,站点分布与国际地球参考框架的长期框架有所不同。历元参考框架基准是通过无净平移及无净旋转方式实现的,与国际地球参考框架的长期框架定义的基准保持一致。

83. 坐标参考框架产品

广义的坐标参考框架产品通常包括框架衍生产品、框架维持产品和框架服务产品。

(1)框架衍生产品是指参与框架计算的单技术单天或单测段以SINEX格式保存的坐标协方差矩阵或法方程。

(2)框架维持产品包括基准站坐标及速度场、板块运动模型或格网速度场模型、基准站坐标时间序列、框架间转换参数及其变化率。

(3)框架服务产品包括卫星精密轨道、卫星精密钟差、地球自转参数、电离层、对流层、系统间偏差。

84. 轨道产品

轨道产品是利用全球或者区域卫星导航定位基准站网的观测数据,经后处理确定的导航卫星精密轨道信息。轨道产品一般分为超快速星历、快速星历和最终精密星历三类产品,如表 10 所示。

表 10 轨道产品

产品类型		时延	更新	采样间隔*
超快速星历	预报部分	实时	≤6 h	15 min
	观测部分	≤2 h	≤6 h	15 min
快速星历		≤3 h	1 d	15 min
最终精密星历		≤10 d	7 d	15 min

* 用户可自定义采样间隔,常规采用 15 min。

85. 钟差产品

钟差产品是导航卫星上所安装的原子钟的钟面时间与标准时间之间的偏差和漂移,包含超快速卫星精密钟差、快速卫星精密钟差和最终卫星精密钟差三类产品,如表 11 所示。其中超快速卫星精密钟差产品与超快速卫星精密轨道产品存储在同一文件中,快速卫星精密钟差和最终卫星精密钟差以 SINEX 格式存储。

表 11 钟差产品

产品类型		时延	更新	采样间隔*
超快速卫星精密钟差	预报部分	实时	≤6 h	15 min
	观测部分	≤2 h	≤6 h	15 min
快速卫星精密钟差		≤13 h	1 d	30 s
最终卫星精密钟差		≤10 d	7 d	30 s

* 用户可自定义采样间隔,超快速卫星精密钟差常规采用 15 min,快速卫星精密钟差和最终卫星精密钟差常规采用 30 s。

86. 速度场

速度是一个矢量,有方向和大小。速度是空间坐标和时间的函数。速度场表示给定区域中的站点速度分布,与站点坐标和时间有关。速度场函数形式表示为

$$V = f(x, y, z, t)$$

速度有三个分量,每个分量都指向一个方向,即 x、y 和 z 分别对应于方向 u、v 和 w。通常将 V 写为向量形式,即

$$V = u\boldsymbol{i} + v\boldsymbol{j} + w\boldsymbol{k}$$

式中,$\boldsymbol{i}$、$\boldsymbol{j}$、$\boldsymbol{k}$ 分别是 X、Y、Z 轴的单位向量。很明显,u、v 和 w 都是 x、y、z 和 t 的函数。

$$V = u(x,y,z,t)\boldsymbol{i} + v(x,y,z,t)\boldsymbol{j} + w(x,y,z,t)\boldsymbol{k}$$

87. CPM-CGCS2000

2000 国家大地坐标系板块运动模型(CPM-CGCS2000)是在将我国区域和邻区划分为 20 个二级板块(拉萨、羌塘、巴颜喀拉、柴达木、祁连、川滇、滇南、塔里木、天山、准噶尔、阿尔泰、阿拉善、中蒙、中朝、鄂尔多斯、燕山、华北平原、鲁东-黄海、华南、南海等活动块体)的基础上,如图 7、表 12 所示,根据我国 10 年 GPS 观测数据的处理结果构造的精细的我国板块数值模型。

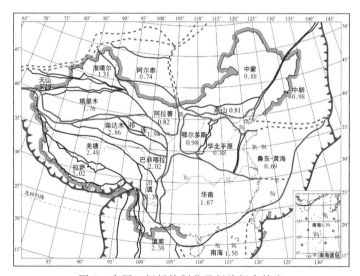

图 7　中国二级板块划分及板块拟合精度

表 12 中国 20 个二级板块欧拉矢量

板块	Ω_X /(rad·Ma^{-1})	Ω_Y /(rad·Ma^{-1})	Ω_Z /(rad·Ma^{-1})	ω /(°)	λ /(°)	φ /(°)
阿尔泰	0.000 628±0.000 1	−0.001 876±0.002 6	0.004 746±0.002 7	0.399	−71.479	67.366
阿拉善	0.000 410±0.000 1	−0.005 542±0.000 4	0.001 580±0.000 3	−85.764	15.875	0.342
巴颜喀拉	0.000 242±0.000 3	−0.006 253±0.001 2	0.002 678±0.000 7	−87.776	23.175	0.419
柴达木	0.001 663±0.000 2	−0.010 674±0.000 9	0.000 900±0.000 6	0.616	−81.139	−4.763
华南	−0.000 936±0.000 1	−0.002 695±0.000 2	0.004 548±0.000 1	0.399	−109.169	57.897
川滇	0.000 616±0.000 2	−0.016 341±0.000 9	−0.002 104±0.000 5	0.951	−87.841	−7.332
滇南	−0.001 726±0.000 4	−0.002 290±0.002 1	0.003 626±0.000 9	0.321	−127.010	51.660
拉萨	0.002 986±0.000 3	−0.006 392±0.001 2	0.003 822±0.000 7	0.428	−64.962	28.444
鲁东-黄海	0.001 957±0.000 2	−0.000 385±0.000 2	0.006 133±0.000 2	0.399	−168.856	71.985
羌塘	0.002 197±0.000 2	−0.027 764±0.001 5	−0.008 042±0.000 9	0.952	−85.475	−16.105
祁连	0.000 247±0.000 1	−0.004 865±0.000 7	0.002 917±0.000 5	0.322	−87.088	30.915
南海	0.000 102±0.000 3	−0.004 319±0.000 7	0.003 061±0.000 2	0.453	−88.648	35.310
天山	0.000 856±0.000 1	−0.002 689±0.001 1	0.004 057±0.000 9	0.479	−72.339	55.182
中蒙	−0.000 743±0.000 1	−0.001 777±0.000 3	0.004 637±0.000 2	0.624	−112.703	67.447
塔里木	0.000 904±0.000 0	−0.009 939±0.000 5	−0.002 243±0.000 3	0.497	−84.802	−12.668
准噶尔	0.000 748±0.000 1	−0.000 028±0.000 7	0.006 592±0.000 7	1.719	−2.199	83.524
中朝	−0.001 021±0.000 2	−0.001 582±0.000 3	0.004 737±0.000 3	0.365	−122.856	68.323
华北平原	−0.001 083±0.000 1	−0.001 761±0.000 1	0.005 133±0.000 1	0.350	−121.589	68.067
鄂尔多斯	−0.001 116±0.000 1	−0.001 303±0.000 2	0.005 514±0.000 0	0.597	−130.585	72.717
燕山	−0.000 773±0.000 1	−0.002 084±0.000 1	0.004 447±0.000 3	0.363	−110.348	63.438

各板块拟合的中误差见图 7,我国区域大部分地区板块拟合精度优于 1 mm/a,板块拟合精度最好的为 0.69 mm/a,最差的是拉萨板块,为 5.02 mm/a,平均拟合精度为 1.72 mm/a,表明各块体的欧拉运动的稳定性较好。

88. PB2002 模型

PB2002 模型系统地综合了全球的有关资料,给出了全球板块边界模型,预测了全球板块的数目。PB2002 模型以数字形式给出了一套全球板块边界集。大多数板块边界来源于现有文献资料,只有少部分新的板块边界来源于对地形、火山作用、地震等的研究,并参考了由地磁异常、矩张量解和大地测量等得到的相对板块运动速率。PB2002 模型包括刚性板块和内部板块形变带,共有 52 个板块和 13 个造山带,如表 13 所示。

表 13　PB2002 模型板块划分及欧拉运动

序号	板块缩写	板块名称	中文名称	北纬 /(°)	东经 /(°)	旋转速率 /[(°)·(Ma)$^{-1}$]
1	AF	Africa	非洲	59.160	−73.174	0.927 0
2	AM	Amur	阿穆尔	57.645	−83.736	0.930 9
3	AN	Antarctica	南极洲	64.315	−83.984	0.869 5
4	AP	Altiplano	阿尔蒂普拉诺	33.639	−81.177	0.916 0
5	AR	Arabia	阿拉伯	59.658	−33.193	1.161 6
6	AS	Aegean Sea	爱琴海	74.275	−87.237	0.649 7
7	AT	Anatolia	安纳托利亚	56.283	8.932	1.640 0
8	AU	Australia	澳大利亚	60.080	1.742	1.074 4
9	BH	Birds Head	鸟头	12.559	87.957	0.302 9
10	BR	Balmoral Reef	巴尔莫勒尔礁	45.900	−111.000	0.200 0
11	BS	Banda Sea	班达海	16.007	122.442	2.125 0
12	BU	Burma	缅甸	8.894	−75.511	2.667 0
13	CA	Caribbean	加勒比	54.313	−79.431	0.904 0
14	CL	Caroline	加罗林	10.130	−45.570	0.309 0
15	CO	Cocos	科科斯	36.823	−108.629	1.997 5
16	CR	Conway Reef	康韦礁	−12.628	175.127	3.605 0
17	EA	Easter	复活节岛	28.300	66.400	11.400 0
18	EU	Eurasia	欧亚	61.066	−85.819	0.859 1
19	FT	Futuna	富图纳	−10.158	−178.305	4.848 0
20	GP	Galapagos	加拉帕戈斯	9.399	79.690	5.275 0
21	IN	India	印度	60.494	−30.403	1.103 4
22	JF	Juan de Fuca	胡安·德富卡	35.000	26.000	0.506 8
23	JZ	Juan Fernandez	胡安·费尔南德斯	35.910	70.166	22.520 0
24	KE	Kermadec	克马德克	47.521	−3.115	2.831 0
25	MA	Mariana	马里亚纳	43.777	149.205	1.278 0
26	MN	Manus	马努斯	−3.037	150.456	51.300 0
27	MO	Maoke	毛克	59.589	78.880	0.892 7
28	MS	Molucca Sea	马鲁古海	11.103	−56.746	4.070 0
29	NA	North America	北美洲	48.709	−78.167	0.748 6

序号	板块缩写	板块名称	中文名称	北纬/(°)	东经/(°)	旋转速率/[(°)·(Ma)$^{-1}$]
30	NB	North Bismarck	北俾斯麦	−4.000	139.000	0.330 0
31	ND	North Andes	北安第斯	58.664	−89.003	0.700 9
32	NH	New Hebrides	新赫布里底	13.000	−12.000	2.700 0
33	NI	Niuafo'ou	纽阿福欧	6.868	−168.868	3.255 0
34	NZ	Nazca	纳斯卡	55.578	−90.096	1.359 9
35	OK	Okhotsk	鄂霍次克	55.421	−82.859	0.845 0
36	ON	Okinawa	冲绳	48.351	142.415	2.853 0
37	PA	Pacific	太平洋	0.000	0.000	0.000 0
38	PM	Panama	巴拿马	54.058	−90.247	0.906 9
39	PS	Philippine Sea	菲律宾海	−1.200	−45.800	1.000 0
40	RI	Rivera	里韦拉	26.700	−105.200	4.692 3
41	SA	South America	南美洲	54.999	−85.752	0.636 5
42	SB	South Bismarck	南俾斯麦	10.610	−32.990	8.440 0
43	SC	Scotia	斯科舍	48.625	−81.454	0.651 6
44	SL	Shetland	设得兰	63.121	−97.084	0.855 8
45	SO	Somalia	索马里	58.789	−81.637	0.978 3
46	SS	Solomon Sea	所罗门海	19.529	135.017	1.478 0
47	SU	Sunda	巽他	55.442	−72.955	1.103 0
48	SW	Sandwich	桑威奇	−19.019	−39.640	1.840 0
49	TI	Timor	帝汶	19.524	112.175	1.514 0
50	TO	Tonga	汤加	28.807	2.263	9.300 0
51	WL	Woodlark	伍德拉克	22.134	132.330	1.546 0
52	YA	Yangtze	扬子	69.067	−97.718	0.998 3

PB2002 模型是对 PB1999 模型的改进。PB1999 模型给出了 NUVEL-1A 模型中 14 个板块的边界。在 PB2002 模型中，除包含 NUVEL-1A 模型的 14 个大板块外，还包括 38 个小板块，总共 52 个板块，如图 8 所示。

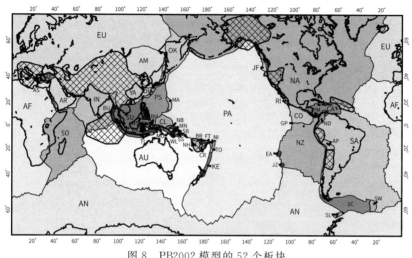

图 8　PB2002 模型的 52 个板块

89. NUVEL-1A 模型

板块运动模型西北大学速度场 1A 版（NUVEL-1A）模型是基于几百万年的地质和地球物理资料建立的，是描述几百万年板块运动的平均模型。NUVEL-1A 模型的精密度及准确性可通过实测资料得到的站点速度进行验证。NUVEL-1A 模型包括全球 14 个板块，而我国处于该模型中欧亚板块的东北缘。

NUVEL-1A 模型是基于板块运动学，其推导过程是基于地球物理学的三种观测类型：海底扩展速率（速度），断层方位变换（方向），地震滑动矢量（方向）。推导出来的是球体上的刚性板块旋转矢量（欧拉定理）。NUVEL-1A 模型不包括任何非刚性地壳形变。

IERS96 规范推荐使用 NNR-NUVEL-1A 模型。在 NNR-NUVEL-1A 模型中，每个板块三个直角坐标轴的旋转角速度见表 14，每个板块绕极轴（由板块旋转矢量 $\boldsymbol{\Omega}$ 定义）逆时针旋转 $|\boldsymbol{\Omega}|$ 的量为正值。

表 14　板块的旋转角速度

板块名称	Ω_X /(rad·Ma^{-1})	Ω_Y /(rad·Ma^{-1})	Ω_Z /(rad·Ma^{-1})
太平洋	−0.001 510	0.004 840	−0.009 970
非洲	0.000 891	−0.003 099	0.003 922
南极洲	−0.000 821	−0.001 701	0.003 706
阿拉伯	0.006 685	−0.000 521	0.006 760
澳大利亚	0.007 839	0.005 124	0.006 282
加勒比	−0.000 178	−0.003 385	0.001 581
科科斯	−0.010 425	−0.021 605	0.010 925
欧亚	−0.000 981	−0.002 395	0.003 153
印度	0.006 670	0.000 040	0.006 790
纳斯卡	−0.001 532	−0.008 577	0.009 609
北美洲	0.000 258	−0.003 599	−0.000 153
南美洲	−0.001 038	−0.001 515	−0.000 870
胡安·德富卡	0.005 200	0.008 610	−0.005 820
菲律宾海	0.010 090	−0.007 160	−0.009 670

90. APKIM 系列模型

当今板块运动也可以用空间大地测量技术手段估算的基准站速度来描述。大地测量实际板块运动模型（APKIM）自 1988 年开始使用。APKIM2005 是基于 ITRF2005 提供的甚长基线干涉测量（VLBI）、卫星激光测距（SLR）和 GPS 数据建立的。该模型估算了 18 个主要板块的旋转矢量和 4 个大形变带的速度场，得到与地球物理方法（使用海平面的扩张速度、转换断层方位角及地震滑流矢量等）不同的结果。差异的原因是大地测量与地球物理方法的数据覆盖时期不同。

最新的 APKIM2014 是基于 ITRF2014 建立的，只使用 ITRF 当时最新阶段的速度，包括 657 个 GNSS 基准站、46 个卫星激光测距基准站、54 个甚长基线干涉测量基准站、28 个多里斯系统（DORIS）基准站速度，总计 785 个速度值。模型间差异见表 15。

表 15　APKIM 板块更新及与 NNR-NUVEL-1A 的比较

板块名称	APKIM2014			APKIM2008			NNR-NUVEL-1A		
	$\Phi/(°)$	$\Lambda/(°)$	$\omega/[(°)\cdot(Ma)^{-1}]$	$\Phi/(°)$	$\Lambda/(°)$	$\omega/[(°)\cdot(Ma)^{-1}]$	$\Phi/(°)$	$\Lambda/(°)$	$\omega/[(°)\cdot(Ma)^{-1}]$
非洲	49.57±0.19	278.71±0.54	0.267±0.001	49.80±0.26	278.54±0.70	0.268±0.001	50.57	286.04	0.291
南极洲	59.32±0.39	234.04±0.56	0.216±0.003	58.83±0.33	231.91±0.59	0.214±0.003	62.99	244.24	0.238
阿拉伯	49.62±0.31	3.54±1.05	0.582±0.010	50.00±0.36	3.45±1.33	0.570±0.012	45.23	355.54	0.546
澳大利亚	32.29±0.10	37.91±0.20	0.630±0.001	32.46±0.14	37.88±0.31	0.633±0.002	33.85	33.17	0.646
加勒比	31.48±1.16	269.32±3.01	0.337±0.032	28.00±1.32	250.93±2.68	0.208±0.018	25.00	266.99	0.214
欧亚	54.45±0.22	259.66±0.33	0.255±0.001	55.13±0.28	260.58±0.40	0.256±0.001	50.62	247.73	0.234
印度	51.51±0.31	1.71±4.33	0.523±0.009	50.20±0.66	11.75±427	0.552±0.013	45.51	0.34	0.545
北美洲	4.82±0.30	272.10±0.13	0.193±0.001	−5.76±0.45	272.50±0.22	0.189±0.001	−2.43	274.10	0.207
纳斯卡	45.60±0.91	257.75±0.39	0.632±0.006	45.88±0.63	257.61±0.33	0.682±0.001	47.80	259.87	0.743
太平洋	−62.50±0.08	110.42±0.34	0.680±0.001	−62.57±0.08	110.93±0.36	0.634±0.005	−63.04	107.33	0.641
南美洲	−18.68±0.51	231.31±1.30	0.122±0.001	−19.35±1.02	237.84±1.51	0.127±0.002	−25.35	235.58	0.116

注:下划线标记的数字表示采用 3σ 评定标准判定后与 APKIM2014 不同的值,ITRF2014 水平站速度的标准残差小于 0.2 mm/a。

91. ITRF 实测速度场

国际地球参考框架(ITRF)解包括卫星导航定位基准站的坐标和速度。ITRF 解算时若遇到某站时间序列发生不连续,即同一站时间序列中间发生间断,则认为该站开始了新时序周期,重新估计站速度,

此时该站对应两个时间段,会有两个速度,依此类推。用 ITRF 解速度估计所在板块的欧拉矢量时,需注意以下三点:

(1)仅采用最新周期的数据来估计板块旋转矢量 $\boldsymbol{\Omega}(\varphi,\lambda,\omega)$。$\boldsymbol{\Omega}$ 为板块旋转矢量,φ 为板块旋转极在椭球上的纬度,λ 为旋转极在椭球上的经度,ω 为板块旋转角速度。

(2)进行二维平差(球面几何),以避免不太精确的垂直速度的影响。

(3)进行迭代平差,基于 3σ 标准差,消除"不合适"的 ITRF 速度。

最新的 ITRF 速度场基于 ITRF2014 构建,共有 785 个速度矢量,基于粗差分析剔除了 149 个(存在 ITRF 估计误差或板块内变形),使用了 636 个站速度值。

基于 ITRF 构建板块运动模型。ITRF2000 利用实测速度场估计了与 ITRF2000 一致的 6 个板块的绝对板块运动模型。ITRF2005 使用误差小于 1.5 mm/a 的 152 个基准站的速度场,确定了与 ITRF2005 一致的 15 个构造板块的绝对板块运动模型。ITRF2008 使用 206 个基准站的速度场,估计了与 ITRF2008 一致的 14 个主要板块的绝对板块运动模型,精度为 0.3 mm/a。ITRF2014 利用远离板块边界的冰川均衡调整区和变形区的 297 个站址的速度场,估算了与 ITRF2014 完全一致的 11 个板块的绝对板块运动模型,误差为 0.3 mm/a。表 16 为不同 ITRF 估计的板块运动模型情况。

表 16　不同 ITRF 估计的板块运动模型情况

板块名称	中文名称	缩写	ITRF2000	ITRF2005	ITRF2008	ITRF2014
			6	15	14	11
Amur	阿穆尔	Amur		√	√	
Antarctica	南极洲	Anta	√	√	√	√
Arabia	阿拉伯	Arab		√	√	√
Australia	澳大利亚	Aust	√	√	√	√
Caribbean	加勒比	Cari		√	√	
Eurasia	欧亚	Eura	√	√	√	√
India	印度	Indi		√	√	

板块名称	中文名称	缩写	ITRF2000	ITRF2005	ITRF2008	ITRF2014
			6	15	14	11
North America	北美洲	Noam	√	√	√	√
Nazca	纳斯卡	Nazc		√	√	√
Nubia	努比亚	Nubi		√	√	√
Okhotsk	鄂霍次克	Okho		√		
Pacific	太平洋	Pcfc	√	√	√	√
South America	南美洲	Soam	√	√	√	√
Somalia	索马里	Soma		√	√	√
Sunda	巽他	Sund			√	
Yangtze	扬子	Yatz		√		

地图制图篇

92. 地 图

地图是按照一定法则,有选择地以二维或多维形式在平面或球面上表示地球(或其他星球)若干现象的图形或图像。地图有三个基本性质:具有确定的数学基础;以专门的符号系统表示空间信息;以缩小、概括的方式反映地球表面的客观实际。数学基础包括地图投影、比例尺、控制点、坐标系、高程系统、地图分幅等。地图用符号、文字和颜色分类表示地球表面各类地理现象的空间分布及空间关系。地图上只反映或夸大表示某些主要、本质的现象,舍去一些次要、非本质的东西,即地图综合。

93. 地图功能

地图作为再现客观世界的形象符号模型,不仅能反映制图对象的空间结构特征,还可反映时间序列的变化,并可根据需要,通过建立数学模型、图形数字化与数字模型,经计算机处理完成各种评价、预测、规划与决策。地图的主要功能包括信息传输、信息载负、空间模拟、空间认知等。

94. 地图类型

按地图内容可分为普通地图和专题地图两大类。前者又分为地形图和普通地理图,后者分为自然地图和社会经济地图(人文地图),必要时还可分出介于二者之间的环境地图。自然地图包括地质、地球物理、地貌、气候、陆地水文、海洋、土壤、植被、动物等专题地图,每一类专题地图还可细分为若干图种;社会经济地图包括人口、政区、工业、农业、交通、财经贸易、文化、历史等专题地图,每一类专题地图也可细分为若干图种;环境地图包括环境污染与环境保护、自然灾害、疾病与医疗地理等专题地图。

按用途可分为通用地图与专用地图。专用地图包括航空图、宇航图、航海图、交通图、旅游图、教学图等。

按地图形式可分为单幅地图、系列地图、地图集。

按使用方式可分为挂图与桌面图等。

此外,还有其他形式的触觉地图(盲人地图)、立体地图、发光地图、数字地图、屏幕地图、塑料地图、地球仪等。

95．地图的管理

《测绘法》第三十八条规定"县级以上人民政府和测绘地理信息主管部门、网信部门等有关部门应当加强对地图编制、出版、展示、登载和互联网地图服务的监督管理,保证地图质量,维护国家主权、安全和利益"。县级以上自然资源主管部门负责本行政区域地图工作的统一监督管理。

96．地图比例尺

地图比例尺是地图上的线段长度与实地相应线段经水平投影的长度之比。地图比例尺表示地图图形的缩小程度。一般地,地图比例尺越大,误差越小,图上测量精度越高。

97．主比例尺

主比例尺又称标准比例尺。对于小比例尺地图,其定义是地图投影中确定的地球椭球缩小的比率。由于地图投影必然产生形变,因此主比例尺只保持在某些点或线上。

98．局部比例尺

局部比例尺是指小比例尺地图上除了保持主比例尺的点或线以外,其他部分的比例尺。局部比例尺的变化比较复杂,根据投影种类、投影性质,常常随着线段的方向和位置而变化。

99．地图要素

地图要素为数学要素、地理要素和整饰要素。数学要素是指构成

地图的数学基础,如地图投影、比例尺、控制点、坐标网、高程系、地图分
幅等;地理要素是指地图上的自然要素(如水系、地貌、土质、植被等)和
社会经济要素(如居民地、交通、政区或境界等);整饰要素主要指帮助
读者更好理解地图的图内信息的各种文字注说(如图名、图号、方向符
号、图例和地图资料说明,以及图内各种文字、数字注记等)。

100. 地图分幅

　　地图分幅是按一定规格的图廓分割制图区域,形成若干幅地图,以
便于制作和使用地图。常见地图分幅形式包括经纬线分幅和矩形
分幅。

101. 地图精度

　　地图精度即地图的误差大小,是衡量地图质量的重要标志之一,通
常用地图上某一地物点或地物轮廓点的平面和高程位置偏离其真实位
置的平均误差来衡量。地图精度与数据采集方法、地图投影、比例尺、
制作工艺等有关。

102. 地图符号

　　地图符号有广义和狭义之分。广义的地图符号是指表示各种事物
现象的线划图形、色彩、数学语言和注记的总和,也称地图符号系统。
狭义的地图符号是指在图上表示制图对象空间分布、数量、质量等特征
的标志和信息载体,包括线划符号、色彩、图形和注记。

103. 地图符号类别

　　按地图的几何性质,可将地图符号分为点状符号、线状符号和面状
符号。按符号与地图比例尺的关系,可将地图符号分为依比例符号、不
依比例符号(非比例符号)和半依比例符号。按符号表示的地理尺度,
可将地图符号分为定性符号、等级符号和定量符号。按符号的形状特

征,可将地图符号分为几何符号、艺术符号、线状符号、面状符号、图表符号、文字符号、色域符号等。

104. 地图色彩

地图色彩作为一种表示手段,主要是运用色相、亮度和饱和度的不同变化与组合,结合人们感受色彩时的心理特征,建立起色彩与制图对象之间的联系。色相主要表示事物的质量特征,如淡水用蓝色,咸水用紫色。亮度和饱和度主要表示事物的数量特征和重要程度。地图上重要的事物用浓、艳的颜色表示,次要的事物用浅、淡的颜色表示。

105. 地图注记

地图注记是指地图上的标注和各种文字说明的总称,是地图的基本内容之一。同地图上的其他符号一样,注记也是一种地图符号。地图注记可以分为地名注记、说明注记和图幅注记。

106. 普通地图

普通地图是综合反映制图区域内的自然要素和社会经济要素一般特征的地图。地图上各要素的详细程度相对均衡。普通地图主要包含水系、地貌、土质、植被、居民地、交通、境界线等内容。

107. 地形图

地形图是将地面上的地物和地貌,采用水平投影(沿铅垂线方向投影到水平面上)的方法,按一定比例尺缩绘到图纸上而形成的地图,即地表起伏形态、地理位置、形状在水平面上的投影图。

108. 国家基本比例尺地形图

国家基本比例尺地形图是根据国家统一规定的若干有代表性的制图比例尺制作的系列地形图。该类地形图的图幅要求覆盖国家全部地域或重点区域。各国使用的比例尺系列不尽相同,我国规定 1：500、1：1 000、1：2 000、1：5 000、1：1 万、1：2.5 万、1：5 万、1：10 万、1：25 万、1：50 万、1：100 万共 11 种比例尺的地形图为国家基本比例尺地形图,是国家经济建设和国防建设使用的重要地图,也是编制其他地图的基础和参考资料。

109. 地形图分幅和编号

为了方便管理和使用地形图,需要将大面积的各种比例尺的地形图统一进行分幅和编号。地形图的分幅方法有两类:一类是按经纬线分幅的梯形分幅法;另一类是按坐标格网分幅的矩形分幅法。前者用于中、小比例尺的国家基本比例尺地形图的分幅,后者用于城市大比例尺地形图的分幅。地形图的编号是根据地形图的分幅,采用统一的规则,为每一幅地形图赋予一个固定的号码,该号码不能重复,并且要保持一定的系统性。常用的地形图编号方法是行列法。

110. 国家基本比例尺地形图分幅和编号的使用

国家基本比例尺地形图分幅和编号依据《国家基本比例尺地形图分幅和编号》(GB/T 13989—2012)执行,如图 9 所示。各比例尺地形图均以 1：100 万地形图为基础图,按相应比例尺地形图的经纬差(表 17),逐次加密划分图幅,以横为行,以纵为列。

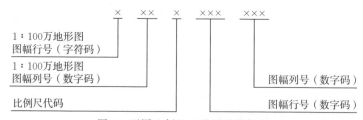

图 9 不同比例尺地形图图号构成

表 17　主要比例尺地形图的经纬差

比例尺		1:100 万	1:50 万	1:25 万	1:10 万	1:5 万	1:2.5 万	1:1 万	1:5 000
图幅范围	经差	6°	3°	1°30′	30′	15′	7′30″	3′45″	1′52.5″
	纬差	4°	2°	1°	20′	10′	5′	2′30″	1′15″
行列数量	行数	1	2	4	12	24	48	96	192
关系	列数	1	2	4	12	24	48	96	192
图幅数量		1	4	16	144	576	2 304	9 216	36 864

111. 专题地图

专题地图是按照地图主题的要求，在基础地理底图上突出表示与主题相关的一种或几种要素的地图。专题地图具有地图内容专题化、用途专门化的特点。专题地图内容由两部分构成：一是专题内容，即图上突出表示的自然或社会经济现象及其有关特征；二是地理基础，用以标明专题要素空间位置与地理背景的基础地理要素，主要包括经纬网、水系、境界、居民地等。

112. 专题地图类型

按内容性质，专题地图可分为自然地图、社会经济（人文）地图和其他专题地图。

自然地图反映制图区域中的自然要素的空间分布规律及相互关系，主要包括地质图、地貌图、地势图、地球物理图、水文图、气象气候图、植被图、土壤图、动物图、综合自然地理图（景观图）、天体图、月球图、火星图等。

社会经济（人文）地图反映制图区域中的社会、经济等人文要素的地理分布、区域特征和相互关系，主要包括人口图、经济图、行政区划图、交通图、历史图、文化图、科技图、教育图、工业图、农业图、城镇图等。

其他专题地图主要包括规划图、工程设计图、军用图、环境图、教学图、旅游图、航海图等。

113. 专题地图特点

与普通地图相比,专题地图具有主题化、特殊化、多元化、多样化的特点。

(1)主题化。普通地图强调表达制图要素的一般特征,专题地图强调表达主题要素的重要特征,且尽可能完善、详尽。

(2)特殊化。专题地图突出表达普通地图中的一种或几种要素,有些专题地图的主题内容是普通地图中所没有的要素。

(3)多元化。专题地图不但能像普通地图那样,表示制图对象的空间分布规律及相互关系,而且能反映制图对象的发展变化和动态规律,如动态地图(人口变化)、预测地图(天气预报)等。

(4)多样化。一个国家的普通地图特别是地形图,往往都有规范的符号系统,但专题地图由于制图内容广泛,除个别专题地图外,大体上没有规定的符号系统,可自己设计地图符号,因而其表达形式多种多样。

114. 模拟地图

模拟地图与数字地图相对应,一般指的是印刷在纸张、布匹或刻在石板、铜板等传统介质上的地图。

115. 数字地图

数字地图是以数字形式存储在计算机存储介质上,计算机可识别的地图。数字地图是在一定坐标系内具有确定的坐标和属性的表示地面要素和现象的离散数据,表现为存储在计算机可识别的存储介质上的概括、有序的数据集合。

116. 影像地图

影像地图是带有遥感影像的地图,是利用航空航天遥感影像,通过几何纠正、投影变换和比例尺归化,运用一定的地图符号、注记,直接反映制图对象地理特征及空间分布的地图。

117. 室内地图

室内地图是一类新型地图,是按照一定的数学法则,运用符号系统和综合方法,以图形化的方式表示大型建(构)筑物内各要素空间分布的载体,如楼宇内分布图、地铁站内分布图等。

118. 导航地图

导航地图是以导航为主要应用需求而建立的具有统一技术标准的专题地图,能够准确引导人或交通工具从出发地到达目的地。导航地图按照载体可以分为纸质导航地图、电子导航地图等,目前主要以后者为主。电子导航地图按照使用设备,可以分为车载导航电子地图、手机导航电子地图、平板电脑导航电子地图等。

119. 自动驾驶地图

自动驾驶地图是指服务于汽车自动驾驶的高精度电子地图。目前,自动驾驶地图的空间误差为厘米级,内容一般包含道路数据及其附近设施数据。道路数据主要包括位置、类型、宽度、坡度和曲率等车道信息;道路附近设施数据主要包括交通标志、下水道口、障碍物、防护栏、隔离带、道路边缘类型、路边地标等基础设施信息。

120. 地图投影

地图投影是按照一定数学法则将地球椭球面投影到可展面上的理论、方法和应用。由于地球是一个赤道略宽两极略扁的不规则球体,其表面是一个不可展平的曲面,所以运用任何数学方法进行转换都会产生误差和变形。为满足不同的需求减少误差,就产生了各种投影方式。

121. 投影方式

投影方式主要分为几何透视法和数据解析法两大类。几何透视法是利用透视的关系,将地球椭球面上的点投影到投影面(借助的几何面)上。数学解析法是在地球椭球面与投影面之间建立点与点的函数关系,通过数学方法确定点的位置的一种投影方法。

122. 地图投影参数

地图投影参数是建立地球椭球面与投影平面映射关系时所需要的参数,包括参考椭球、投影类型、投影面与球面相切或相割点(或线)的地理坐标、起算点位置等。

123. 地图投影变形

地图投影变形是指将地球椭球面投影到可展面上所产生的长度、面积或者角度的变形。一般情况下,三种变形同时存在;特殊情况下可以使其中一项保持不变,如角度无变形、面积无变形或者特定方向上长度无变形。

124. 常用投影种类

根据不同的分类方法,地图投影可以分成多种类型。按投影方式,地图投影分为几何投影与非几何投影。几何投影中,根据承影面的形状,可分为方位投影、圆锥投影和圆柱投影;根据承影面与地轴的关系,可分为正轴投影、横轴投影与斜轴投影;根据承影面与地球椭球面的关系,又分为切投影和割投影;按投影的变形性质,可分为等角投影、等积投影和任意投影。非几何投影是指不借助几何面,根据条件用数学解析法确定球面与平面之间点与点的函数关系。非几何投影以几何投影为基础,包括方位投影、圆锥投影和圆柱投影等类型,还可以由此变化产生伪方位投影、伪圆锥投影、伪圆柱投影、多圆锥投影等类型。

125. 等积投影

等积投影是指投影面上任意一块区域的面积与地球椭球面上相应区域的面积相等,即面积变形等于零。由于等积投影要保持面积相等,所以在等积投影的不同点上,变形椭圆的长半径不断伸长,短半径不断缩短,或相反,总之变形椭圆形状变化较大,角度变形也比较大。一般常用于绘制对面积变化程度要求较高的自然地图和经济地图,如土地利用图。

126. 等角投影

等角投影是指投影面上任何一点的两个微分线段组成的角度在投影前后保持不变的一种投影。等角投影后,在小区域内该投影能保持投影图形与实地相似,故又称正形投影,但在不同地点的长度比是不同的,球面上微分圆投影后成为变形椭圆;在大区域内该投影的投影图形与实地并不相似,球面上微分圆投影面积变形较大。该投影多用于编绘航海图、洋流图与风向图等。

127. 等距投影

等距投影是沿某一特定方向,投影前后长度保持不变的一种任意投影,即沿该方向投影前后长度比等于 1。

128. 任意投影

任意投影是指角度变形、面积变形和长度变形同时存在的一种投影。一般使用的任意投影中,其角度变形小于等积投影,面积变形小于等角投影。

129. 圆柱投影

圆柱投影是以圆柱面为承影面的一种投影。假想用一个圆柱面包围椭球体,并使之相切或相割,再根据某种条件将椭球面上的经纬网点投影到圆柱面上,然后沿圆柱面的一条母线切开,将其展成平面后得到该投影。

130. 圆锥投影

圆锥投影是以圆锥面为承影面的一种投影。假想用一个圆锥面包围椭球体,并使之相切或相割,再根据某种条件将椭球面上的经纬网点投影到圆锥面上,然后沿圆锥面的一条母线切开,将其展成平面后得到该投影。一般圆锥投影是将纬线转换为同心圆的圆弧、经线转换为圆的半径且两经线夹角与实地相应的经差成正比的一种地图投影。

131. 方位投影

方位投影是以平面为承影面的一种投影。假想使一个平面与椭球体相切或相割,将椭球面上的经纬网等制图对象投影到平面上得到该投影。一般方位投影能保持由投影中心到任意点的方位与实地一致。

132. 投影分带

投影分带是指按照一定的经差将地球椭球面划分成若干投影的区域。例如,对于等角横轴圆柱投影,一般采用 6°分带和 3°分带两种。

133. 国家基本比例尺地形图采用的地图投影

我国 1:100 万以下比例尺地形图都采用高斯-克吕格投影,其中 1:50 万、1:25 万、1:10 万、1:5 万和 1:2.5 万采用 6°分带, 1:1 万和 1:5 000 以及更大比例尺采用 3°分带。1:100 万比例尺地形图及数据库采用双标准纬线等角割圆锥投影。

134. 投影变换

投影变换是将一种地图投影下的坐标变换为另一种地图投影下的

坐标的过程。目前通常有三种方法:解析变换法、数值变换法以及数值解析变换法。

135. 高斯-克吕格投影

高斯-克吕格投影由德国天文学家高斯拟定,后经德国大地测量学家克吕格对投影公式加以补充,简称"高斯投影",又名等角横切椭圆柱投影,是地球椭球面和平面间正形投影的一种。假想将一个椭圆柱面横套在地球椭球体上,使其与某经线相切,用解析法将经纬线投影到椭圆柱面,将椭圆柱面展成平面后得到该投影。该投影的中央经线和赤道为互相垂直的直线。其直角坐标系以相切的中央经线为 X 轴,以赤道为 Y 轴,如图 10 所示。

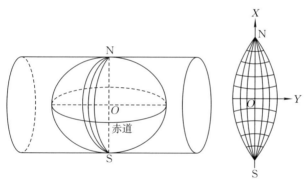

图 10　高斯-克吕格投影分带示意图

136. 墨卡托投影

墨卡托投影由地理学家、地图制图学家墨卡托于 1569 年创制。假想使一个圆柱面与地球椭球面相切或相割,采用正轴方式,按照等角条件,将经纬网投影到圆柱面上,将圆柱面展开为平面后得到该投影。该投影保持等角性质,故又称正轴等角圆柱投影。该投影的所有经线与纬线都是直线且正交,随着纬度的增加,纬线间距加大。该投影无角度变形,面积变形自赤道随纬度增加而扩大。

137. 通用横墨卡托投影与高斯-克吕格投影的区别

通用横墨卡托投影(UTM)与高斯-克吕格投影的差别在于,中央经线的长度比不是 1,而是 0.999 6。UTM 适用于南、北纬 80°之间的地区。

138. 地图编制

地图编制是指根据各种制图资料,以室内作业为主制作地图的过程。我国的中小比例尺地形图、普通地图和专题地图都采用编绘方式成图。因编图资料、应用设备和技术手段不同,地图编制可分为常规编图、遥感制图和数字制图。

139. 制图规范

制图规范是关于地图设计标准与编制方法的具体规定。我国对每种国家基本比例尺地形图都制定了编制规范与图式图例样式。专题地图根据应用内容也有相应的制图规范。

140. 地图符号库

地图符号库是多种地图符号的集合。地图符号库对不同类型的地图符号、注记类型、色彩方案和坐标系等进行了统一管理。

空间数据篇

141. 地理信息系统

地理信息系统(GIS)是在计算机软、硬件支持下,对整个或部分地球表层(包括大气层)乃至太阳系星球空间中的有关地理要素数据进行采集、存储、管理、运算、分析、显示和描述的技术系统。

142. 专题地理信息系统

专题地理信息系统是指具有特定行业应用目的的地理信息系统,如国土规划管理信息系统、生态环境监测信息系统、人口统计地理信息系统等。

143. 区域地理信息系统

区域地理信息系统是在数据内容、比例尺、应用领域等方面具有明显区域特征的地理信息系统,如黄河流域地理信息系统。

144. 三维地理信息系统

三维地理信息系统与传统以处理二维空间数据为主的地理信息系统相对应,是对三维地理空间对象进行数据描述、可视化和分析管理的地理信息系统。

145. 网络地理信息系统

网络地理信息系统是网络技术与地理信息系统结合的产物,具有分布交互、能提供动态服务等特征,由客户端与服务器端相连而组成。客户端主要提供交互功能,服务器端主要负责业务处理功能。

146. 地理信息系统主要功能

地理信息系统主要功能包括数据采集与输入、数据编辑与更新、数据存储与管理、空间查询与分析、空间决策支持、数据展示与输出等。

147. 数据模型

数据模型是数据特征的抽象。数据是描述事物的符号记录,模型是现实世界的抽象。数据模型从抽象层次上描述了系统的静态特征、动态行为和约束条件,为数据库系统的信息表示与操作提供了一个抽象的框架。

148. 地理信息数据模型

地理信息数据模型主要分为矢量模型、栅格模型、格网模型等类别。矢量模型包括实体模型和拓扑模型;栅格模型包括栅格矩阵模型和游标编码模型;格网模型包括不规则三角网模型和规则格网模型。

矢量模型用点、线和多边形来表示地理要素。一对坐标表示一个点要素,一系列有序点表示线或多边形要素。每个矢量要素关联相应的属性。

栅格模型以规则的像元阵列表示空间地物和现象。像元位置表示空间位置,像元值表示地物或现象的属性。

格网模型以由相互连接的离散点构成的网状结构来表达地形起伏。

149. 数据格式

数据格式是描述数据在文件或记录中保存的规则,包括字符形式的文本格式和二进制数据形式的格式。

150. 数据格式转换

数据格式转换是将空间数据从一种存储表示形式转换为另一种存储表示形式的过程,如将 AutoCAD 的 dxf 格式转换为 ArcGIS 的 shapefile 格式。

151. 矢量数据结构

矢量数据结构是用几何学中的点、线、面及其组合体来表示地理实体及现象空间分布的一种数据组织方式。矢量数据结构用于按矢量数据模型进行组织的数据。通过记录实体坐标及其关系，尽可能精确地表现点、线、多边形等地理实体，将坐标空间设为连续，允许任意位置、长度和面积的精确定义。矢量数据结构直接以几何空间坐标为基础记录取样点坐标。

152. 空间数据结构

空间数据结构是指空间数据在计算机内的组织和编码形式，便于计算机存储、管理和处理，是地理信息模型的数字化表达。

153. 栅格数据结构

栅格数据结构是用规则格网单元表示地理实体及现象空间分布的一种数据组织方式。栅格数据结构基于栅格模型，将空间分割成规则的格网，在各个栅格单元上给出相应的属性值来表示地理实体。格网模型一般采用栅格数据结构进行组织存储。

154. 三维地理信息数据结构

三维地理信息数据结构基于三维地理信息数据模型，将地理信息数据分为表面与体进行表示。

155. 矢量数据结构与栅格数据结构的比较

矢量数据结构紧凑，冗余度低，并具有空间实体的拓扑信息，容易定义和操作单个空间实体，便于进行网络分析。矢量数据的输出质量好、精度高。矢量数据结构的存储比较复杂，空间实体的查询十分费时，需要逐点、逐线、逐面地查询。栅格数据结构是通过空间点的密集而规则的排列表示整体的空间现象的。其数据结构简单，定位存取性能好，可以与影像和数字高程模型(DEM)联合进行空间分析。只使用行和列作为空间实体的位置标识，因此难以获取空间实体的拓扑信息，难以进行网络分析等操作。

156. 数据库模型

数据库模型是描述数据内容和数据项之间联系的工具。数据库模型的优劣是衡量数据库能力强弱的主要标志之一。数据库设计的核心问题之一就是设计一个好的数据库模型。目前在数据库领域,常用的数据库模型有层次模型、网络模型、关系模型、对象模型、对象关系模型等。

157. 层次模型

用层次结构表示实体类型及实体间联系的数据模型称为层次模型。层次结构是树结构,树的结点是记录类型,非根结点有且仅有一个父结点。上一层记录类型和下一层记录类型是 $1:N$ 联系。记录之间的联系通过指针来实现,查询效率较高。

层次模型不能表示多对一关系。在地理信息系统中,层次模型难以顾及公共点、线数据共享,以及实体元素之间的拓扑关系,导致数据冗余度增加,而且给拓扑查询带来困难。

158. 网络模型

用有向图结构表示实体类型及实体间联系的数据模型称为网络模型。顾名思义,一个事物和另外几个事物都有联系,这就构成一张网状图。

159. 关系模型

关系模型是一种表格化的数学模型。关系模型将数据和逻辑结构归结为满足一定条件的二维表,即关系。一个实体由若干关系组成,而关系的集合就称为关系模型。地理信息系统中空间图形数据的属性多由关系模型来管理和调用。关系模型发展成熟,具有严密的属性基础,在数据管理领域中应用广泛。但关系模型在处理空间对象时效率低，这主要是由于线状、面状空间对象的坐标对数或弧段数是变长的。

160. 对象模型

对象模型是将地理世界抽象为点、线、面状对象的集合的模型。对象模型一般采用矢量数据结构来表达，并以二进制流的形式存储于文件中，具有存储效率高的特点。

161. 对象关系模型

对象关系模型是对象模型和关系模型的结合，将原来存储于文件或作为文件一部分的一个对象集合作为一个二进制大对象存储于数据库关系表中。对象关系模型既具有文件系统对空间数据进行高效处理的优点，又具有关系模型数据一致性、安全保障性的优点。对象关系模型是目前空间数据库所采用的主要模型。

162. 地图数据库

地图数据库是以地图数字化数据为基础的数据库，是存储在计算机中的表示各地图要素（如控制点、地貌、居民地、水系、植被、交通、境界等）的数字信息文件、数据库管理系统及其他软件和硬件的集合。

其数据主要是通过在具有统一比例尺和地理坐标系的地图上，按规范化、标准化要求进行数字化而获取的。这就有可能在较大区域范围乃至全国范围内分层次、分区域逐步建立地图数据库，最后集中进行地图数据管理。地图数据库的建立有利于地图数据的保存与查询，是空间辅助决策的重要数据基础，同时也是地图制图及有关工程设计、建设的基础。

163. 地图数据结构

地图数据结构是指对构成地图各要素的数据集之间的相互关系和

数据记录的编排组织方式。

　　各地图要素可转换成计算机可读的形式,该数据称为地图数据。每个要素的数据集合称为一个数据集。地图数据包括地图要素空间分布的位置数据及其对应的图形特征与地理属性数据,前者又概括为弧段节点模型。弧段是地图上基本图形(点、线、面)的核心部分,是计算机存储的基本单元。点可看作只有一个坐标对的弧段,面是由一个或者多个弧段构成的多边形。弧段由包括两个端点的一串坐标对组成,坐标对的次序决定了弧段的走向。端点也称为结点,有起始结点和终止结点之分,每个结点连接两个或两个以上的弧段,弧段两个端点之间的坐标点称为节点。上述基本图形间的互相影射称为拓扑逻辑关系,是地图数据库中普遍采用的一种数据结构。对应于图形特征的地理属性数据,用于描述地理实体的各种性质,通常由不同的数据项组成,如描述地形的坡度、坡向,某地的年降水量、土壤类型、人口数量、交通流量、空气污染程度等。属性数据通常以数字、文本、图像等形式来表示,既附属于对应空间目标的位置数据,又是一个空间目标区别于其他空间目标的重要信息,是检索空间图形的依据或参数。它们之间没有必然的联系途径,可分别组成若干个二维表,采用通用关系数据库的管理方式。因此地图数据结构是混合型的,地图数据库管理系统应能实现两种数据结构的混合管理功能。

164. 拓扑关系

　　拓扑关系是满足拓扑几何学原理的各空间数据间的相互关系,指图形元素之间在空间上的连接、邻接关系,并不考虑图形的具体位置。拓扑关系包括用结点、弧段和多边形表示的实体之间的邻接、关联、包含和连通等关系,以用户的查询或应用分析要求为目标,便于进行图形选取、叠合、合并等操作。

165. 拓扑数据结构

　　拓扑数据结构是根据拓扑几何学原理进行空间数据组织的方式,

是对点、线、面之间的拓扑关系进行明确定义和描述的矢量数据结构。对于一幅地图，拓扑数据结构仅从抽象概念来理解其中图形元素（点、线、面）间的相互关系，不考虑结点和弧段坐标位置，而只注意其相邻与连接关系。在地理信息系统中，多边形结构是拓扑数据结构的具体体现。根据拓扑数据结构建立结点、弧段、多边形文件间的有效联系，便于提高数据存取效率。

166. 数据精度

表示测量结果与真值的接近程度的量，称为精度。对于空间数据而言，地理实体在数据库中的存储值与实地真值间的接近程度称为数据精度。空间数据精度主要包括平面精度、高程精度和属性精度。数据精度取决于数据采集、编辑处理、存储等多方面，具有误差累计的特点。

167. 地图精度

地图精度就是地图的精准度，即地图误差的大小，是衡量地图质量的重要指标之一。地图精度与地图投影、比例尺、制作方法和工艺有关。通常用地图上地物点或地物轮廓点的平面和高程位置偏离其真值的平均误差来衡量。地图误差通常由以下因素引起：地图采用的原始数据的误差、地图投影引起的误差、地图编制误差和制图综合产生的误差。对于纸质地图，地图误差还与地图印刷造成的误差和纸张伸缩造成的误差有关。

168. 平面精度

平面精度是点的平面坐标与其真值的差。

169. 高程精度

高程精度是点的高程与其真值的差。

170. 属性精度

属性精度是地理实体(如河流、道路、居民地等)的属性值与其真值的符合程度,也是属性值正确性比率的衡量指标。

171. 地理精度

地理精度是地图上所表示的内容的地理分布与实际的地理分布相互对应的准确程度,或经地图概括后地理分布规律的体现程度,是反映地图要素间、数据实体间的空间关系或地理关系正确性的度量指标。

172. 数据字典

数据字典是数据库的重要组成部分,是系统中各类数据描述的集合,是数据库建设及数据库应用的重要技术文件之一。数据字典通常包括数据项、数据结构、数据流、数据存储和处理过程五个部分。其中,数据项是数据结构的最小组成单位,若干个数据项可以组成一个数据结构。数据字典通过对数据项和数据结构的定义,来描述数据流、数据存储的逻辑内容。

173. 元数据

元数据又称中介数据、中继数据,是描述数据的数据,主要描述数据的属性信息。元数据用来支持存储位置指示、资源查找、文件记录等功能。在数据库系统中,元数据主要可实现以下四方面功能:①描述哪些数据在数据库中;②定义要进入数据库的数据和从数据库中产生的数据;③记录并检测系统数据的一致性要求和执行情况;④衡量数据质量。

174. 国家空间数据基础设施

国家空间数据基础设施(NSDI)是国家围绕其地理信息及其他空

间分布信息的采集和利用而建设的基础环境的总称,是国家信息基础设施的组成部分和重要支撑。其核心是建设一个覆盖全国范围并真实反映各类地理现象分布、特征属性的地理信息系统集合,并使这些系统具备及时准确地收集、处理、存储和分发地理信息和其他空间分布信息的能力。国家空间数据基础设施主要包括数字地理空间数据框架、地理空间数据交互网络体系、数据标准和空间数据协调管理机构四大组成部分。

175. 国家基础地理信息系统

国家基础地理信息系统通过对各种技术手段获取的基础地理信息进行采集、编辑处理、存储,建成多种类型的基础地理信息数据库,并建立数据传输网络体系,为国家、省(区、市)各部门提供基础地理信息服务。目前,我国已建成的国家基础地理信息系统可以管理 1∶400 万地形数据库、1∶100 万地形数据库(地名数据库)、1∶100 万数字高程模型数据库、1∶25 万地形数据库、1∶25 万地名数据库、1∶25 万数字高程模型数据库、1∶5 万地形数据库、1∶5 万地名数据库等。这些基础地理信息数据库已经在国民经济建设中发挥了巨大作用,对推动我国信息化发展进程起到了积极作用。

176. 国家基础地理信息数据库

国家基础地理信息数据库用于存储和管理全国范围内多种比例尺的地形、地貌、水系、居民地、交通、地名等基础地理信息,包括正射影像数据库、地形要素数据库、数字高程模型数据库和地形图制图数据库等四种类型的基础地理信息资源。我国国家基础地理信息数据库目前包含 24 000 多幅图,具有 9 大类地理要素、34 个数据层、1.8 亿个要素对象,由国家基础地理信息系统统一管理与维护,在资源调查、宏观规划、工程建设、环境监测、灾害防治等方面发挥着重要作用。

177. "4D"产品

"4D"产品是数字地图时代四种不同的地图产品的总称，包括数字矢量地图（DLG）、数字正射影像图（DOM）、数字高程模型（DEM）、数字栅格地图（DRG）。

178. 数字矢量地图

数字矢量地图（DLG），又称数字线划地图，是将基础地理要素分层存储的矢量数据集。数字矢量地图既包括空间信息，也包括属性信息，可用于建设规划、资源管理、投资环境分析等，也可作为人口、资源、环境、交通、治安等专业信息系统的空间定位基础。

179. 数字正射影像图

数字正射影像图（DOM）是对航空航天影像进行数字微分纠正和镶嵌，并按一定图幅范围裁剪生成的数字正射影像集。数字正射影像图是同时具有地图几何精度和影像特征的图像，具有精度高、信息丰富、直观逼真、获取快捷等优点。主要用途包括：①作为地图分析的背景控制信息；②作为提取自然资源和社会经济信息的数据源；③作为灾害防治和建设规划等应用的数据源；④用于地图数据的修测更新；⑤用于评价其他数据的精度、现实性和完整性等。

180. 数字高程模型

数字高程模型（DEM）是用一组有序数值阵列表示地面高程的实体地面模型，是由一定范围内规则格网点的平面坐标(X,Y)及高程(Z)构成的数据集。数字高程模型主要描述区域地貌形态的空间分布，传统上是通过对等高线或相似立体模型进行数据采集（包括采样和量测），然后进行数据内插而形成的，目前也可采用激光雷达等新技术生产。

数字高程模型可用于制作透视图、断面图,进行工程土石方计算、表面覆盖面积统计,以及进行与高程有关的地貌形态分析、通视条件分析、洪水淹没分析等;还可与数字正射影像图或其他专题数据叠加,进行与地形相关的分析应用;同时,数字高程模型还是制作数字正射影像图的基础数据。

181. 数字栅格地图

数字栅格地图(DRG)是根据现有纸质、胶片等地形图,经扫描和几何纠正及色彩校正后,在内容、几何精度和色彩上与地形图保持一致的栅格数据集。数字栅格地图是纸质、胶片地形图的栅格形式的数字化产品,用于数据采集、评价与更新,可作为背景与其他空间信息进行集成,与其他类型数据产品集成时可派生出新的可视信息。

182. 数字地形模型

数字地形模型(DTM)是表示地面特征空间分布的数据模型,一般由一系列地面点坐标(X,Y,Z)及地表属性(目标类别、特征等)组成的数据阵列来表示。数字地形模型用于描述各种地貌因子(如高程、坡度、坡向、坡度变化率等)的线性和非线性组合的空间分布,实际上是栅格数据模型的一种。数字地形模型与图像的栅格表示形式的区别主要是:图像用一个点代表整个像元的属性;而在数字地形模型中,格网的点只表示点的属性,点与点之间的属性可以通过内插计算获得。

183. 数字表面模型

数字表面模型(DSM)是包含了地表建筑物、桥梁和树木等的高度的地面高程模型。数字表面模型是在数字高程模型的基础上,进一步涵盖了其他地表信息的地面高程模型,能真实地表达地面起伏情况,可广泛应用于各行各业。

184. 地形要素数据库

地形要素数据库是基础地理要素的集合,包括水系、居民地及设施、交通、管线、境界与政区、地貌与土质、植被、地名及注记 9 大类,是经过采集、编辑、处理等工序所建成的。地形要素数据库主要包括 1∶5 万、1∶25 万、1∶100 万三个尺度,每个尺度的数据库包括多个现势性版本。

全国 1∶100 万地形要素数据库的主要内容包括测量控制点、水系、居民地、交通、境界、地貌、植被等。该数据库利用 1∶25 万地形数据库缩编而成。

全国 1∶25 万地形要素数据库分为政区、居民地、铁路、公路、水系、地貌、土地覆盖、辅助要素、其他要素等数据层。该数据库按照《国家基本比例尺地形图分幅和编号》(GB/T 13989—2012)执行,共包括 816 图幅。

全国 1∶5 万地形要素数据库是由水系、等高线、境界、交通、居民地等大类的核心地形要素构成的数据库,其中包括地形要素间的空间关系及相关属性信息。现有的 1∶5 万地形要素数据库采用 2000 国家大地坐标系,采用地理坐标,高程基准采用 1985 国家高程基准。

185. 地名数据库

国家地名数据库收录、整合了中国地名、外国地名,以及海底、极地等联合国有关机构管辖的区域地名,还包括月球等天体地名,以便为社会提供立体、全面的地名信息,着力解决地名信息不标准、不规范的现象。

186. 数字高程模型数据库

数字高程模型数据库是在一定范围内通过规则格网点描述地面高程信息的数据集合,用于反映区域地貌形态的空间分布。国家数字高程模型数据库主要包括 1∶5 万、1∶25 万、1∶100 万三个尺度,每个尺度的数据库包括多个现势性版本。

全国 1∶100 万数字高程模型数据库利用 1 万多幅 1∶5 万和 1∶10 万地形图,按照 $28.125'' \times 18.750''$(经差×纬差)的格网间隔,采集格网交叉点的高程值,经过编辑处理,以 1∶50 万图幅为单位入库。

全国 1∶25 万数字高程模型数据库以高斯-克吕格投影和地理坐标分别存储。采用高斯-克吕格投影的数字高程模型数据,格网尺寸约为 100 m×100 m,以图幅为单元,每幅图的数据均按包含图幅范围的矩形划定,相邻图幅间均有一定的重叠。采用地理坐标的数字高程模型数据,格网尺寸为 $3'' \times 3''$,每幅图行列数为 1 201×1 801,所有图幅范围都为大小相等的矩形。

全国 1∶5 万数字高程模型数据库包含 24 185 个图幅的数据,数据范围覆盖全国。数据采用 25 m 格网间隔。

187. *数字栅格地图数据库*

数字栅格地图数据库是利用已经出版的地图,经过扫描、几何校正、色彩校正和编辑处理后建成的栅格数据库。随着数字信息技术的发展,该类型产品更多作为历史资料,进行存档管理。

188. *正射影像数据库*

正射影像数据库是对多源、多分辨率的数字正射影像图进行一体化组织管理的数据库。我国的正射影像数据库包括覆盖全部陆地国土的卫星影像或航空影像。其中,优于 1 m 的影像覆盖范围约占全国 90% 以上国土面积。

189. *地理国情数据库*

地理国情数据库包括第一次全国地理国情普查成果数据和 2016 年以来每年开展的基础性监测成果数据。普查与基础性监测以高分辨率正射影像为主要数据源,采用内外业相结合的生产方法,经过外业采集、内业处理和严格的质量控制,建立了地表覆盖、地理国情要素、遥感影像解译样本等七个数据库。

190. 地表覆盖数据库

地表覆盖数据库是利用卫星遥感影像数据,经过人工判读采集,建立的反映土地覆盖状况的数据库。依据地表覆盖物的自然属性,地表覆盖数据分为种植土地、林草覆盖、房屋建筑、道路路面、构筑物、裸露地表、人工堆掘地以及水面等 8 个一级类、46 个二级类、86 个三级类,以 400 m² 为基本上图指标,对全部陆域国土(不含港澳台)进行分类提取,按照统一技术要求形成的无缝地表覆盖数据集。

191. 国家测绘基准数据库

国家测绘基准数据库是对大地基准、高程基准、重力基准、深度基准及其观测成果进行存储与管理的数据库。

大地基准包括:大地原点、卫星导航定位基准站、卫星导航定位基准站网、大地控制点、大地控制网、三角点、全国天文大地网、全国一等三角锁和精密导线、全国天文大地网起算边分布图、全国旧二等三角网改造网图、天文大地网与 GPS2000 网联合平差网图等。

高程基准包括:水准原点、一等水准点、一等水准网、国家一期水准点、国家一期水准网、国家二期水准点、国家二期水准网、国家二期复测水准点、国家二期复测水准网、CQG2000 似大地水准面、区域似大地水准面等。

重力基准包括:重力控制点、重力加密点、1957 国家重力网、1985 国家重力网、2000 国家重力网等。

深度基准包括:验潮站点、验潮站工作水准点等。

观测成果包括:船测重力(点、线)、船测重力线、水准原始观测数据、水准观测路线图、连续运行基准站原始观测数据、大地网原始观测数据、重力原始观测数据等。

192. GIS 软件中 2000 国家大地坐标系的设定

如果 GIS 软件包含 2000 国家大地坐标系选项,则直接选定该坐标系即可。如果 GIS 软件没有该选项，则需要自行设定 2000 国家大地坐标系椭球参数（长半轴、扁率）、投影方式。

193. 空间数据 2000 国家大地坐标系转换方法

1∶1 万以下比例尺空间数据转换须采用自然资源部门发布的坐标转换 1∶1 万图幅改正量成果作为转换参数，利用双线性内插方法进行逐点坐标转换。

众多国家级专题数据库均采用此方法完成了坐标系转换，转换精度满足业务需要。具体数据库包括：全国土地利用规划数据库、全国基本农田数据库、全国土地整治规划数据库、全国建设用地审批数据库、全国矿产规划数据库、全国矿产资源储量空间数据库、全国探矿权数据库、全国采矿权数据库、全国地质勘察规划数据库、全国油气勘查开采数据库等。

194. 坐标转换 1∶1 万图幅改正量

坐标转换 1∶1 万图幅改正量是利用同时具有 1954 北京坐标系、1980 西安坐标系、2000 国家大地坐标系中的两种已知坐标的国家高等级控制点，通过计算获得国家 1∶1 万标准图幅的 4 个图廓点和 1 个中心点的两种坐标间转换的改正量。过去常用的两种坐标转换 1∶1 万图幅改正量，分别是全国 1∶1 万图幅 1954 北京坐标系向 2000 国家大地坐标系转换改正量、全国 1∶1 万图幅 1980 西安坐标系向 2000 国家大地坐标系转换改正量。

195. 需进行转换的国家基础地理信息数据库

依据不同坐标系间的相互关系及数据转换精度要求，比例尺小于 1∶25 万（不包括 1∶25 万）的数据库不进行数据转换。比例尺大于 1∶10 万的数字矢量地图（DLG）、数字正射影像图（DOM）、数字高程模型（DEM）、数字栅格地图（DRG）数据库，需要进行转换。

196. DLG 数据库转换

1954 北京坐标系下的 1：1 万数字矢量地图(DLG)数据库向 2000 国家大地坐标系转换分为两个步骤进行：首先,以全国 1：1 万图幅 1954 北京坐标系向 1980 西安坐标系转换改正量为转换参数,采用双线性内插方法进行逐点转换,完成 1954 北京坐标系向 1980 西安坐标系的转换;其次,以全国 1：1 万图幅 1980 西安坐标系向 2000 国家大地坐标系转换改正量为转换参数,采用双线性内插方法进行逐点转换,完成 1980 西安坐标系向 2000 国家大地坐标系的转换。

1980 西安坐标系下的 1：1 万 DLG 数据库转换步骤为：以全国 1：1 万图幅 1980 西安坐标系向 2000 国家大地坐标系转换改正量为转换参数,采用双线性内插方法进行逐点转换,完成 1980 西安坐标系向 2000 国家大地坐标系的转换。

197. DOM 数据库转换

平面精度高于 1：10 万地图精度的数字正射影像图(DOM)数据(一般空间分辨率高于 10 m)需要进行坐标转换,方法为：以全国 1：1 万图幅 1980 西安坐标系向 2000 国家大地坐标系转换改正量为转换参数,采用双线性内插方法进行逐像素点转换,完成 1980 西安坐标系向 2000 国家大地坐标系的转换。

198. DEM 数据库转换

1954 北京坐标系下的 1：1 万数字高程模型(DEM)数据库转换步骤为：以全国 1：1 万图幅 1954 北京坐标系向 1980 西安坐标系转换改正量为转换参数,采用双线性内插方法进行逐点转换,完成 1954 北京坐标系向 1980 西安坐标系的转换;然后以全国 1：1 万图幅 1980 西安坐标系向 2000 国家大地坐标系转换改正量为转换参数,采用双线性内插方法进行逐点转换,完成 1980 西安坐标系向 2000 国家大地坐标系的转换。

1980 西安坐标系下的 1：1 万 DEM 数据库转换步骤为：以全国

1∶1 万图幅 1980 西安坐标系向 2000 国家大地坐标系转换改正量为转换参数,采用双线性内插方法进行逐点转换,完成 1980 西安坐标系向 2000 国家大地坐标系的转换。

199. DRG 数据库转换

在保持原分辨率不变的情况下,利用逐格网纠正的方法进行数据转换。

1954 北京坐标系下的 1∶1 万数字栅格地图(DRG)数据库转换步骤为:在 2000 国家大地坐标系下生成图廓坐标及公里格网,以全国 1∶1 万图幅 1954 北京坐标系向 1980 西安坐标系转换改正量为转换参数,采用双线性内插方法进行逐公里格网点转换,完成 1954 北京坐标系向 1980 西安坐标系的转换;然后以全国 1∶1 万图幅 1980 西安坐标系向 2000 国家大地坐标系转换改正量为转换参数,采用双线性内插方法进行逐公里格网点转换,完成 1980 西安坐标系向 2000 国家大地坐标系的转换。

1980 西安坐标系下的 1∶1 万 DRG 数据库转换步骤为:以全国 1∶1 万图幅 1980 西安坐标系向 2000 国家大地坐标系转换改正量为转换参数,采用双线性内插方法进行逐公里格网点转换,完成 1980 西安坐标系向 2000 国家大地坐标系的转换。

200. 文本格式坐标串转换

文本格式坐标串包括在 TXT、CSV 等文本文件中以字符串格式出现的坐标值,以及在 Excel 表格、Microsoft Access 数据库、Oracle 数据库中以单个字段或者多个字段出现的坐标值。有别于矢量数据和栅格数据,此类坐标数据格式灵活多变,坐标值以字符串格式出现。在进行坐标转换时,首先通过辅助信息,确定原始坐标串的空间参考、坐标组合方式、坐标表达格式等信息;其次获取坐标对,依据坐标转换精度要求,确定转换后的有效数字;最后以 1∶1 万图幅地形图的大地坐标转换改正量为转换参数,采用双线性内插方法,对获取的坐标逐个进行转换。文本格式坐标串转换精度受截断误差影响,在转换过程中需要根据精度要求确定要保留的有效数字位数。

201. 坐标转换误差来源

坐标转换的误差主要来自三个方面:一是转换参数引起的误差;二是转换过程中算法引起的误差;三是保留小数位引起的截断误差。

202. CGCS2000 转换实用软件

目前国内主流的 CGCS2000 转换软件为中国测绘科学研究院自主研发的 GeoInfo DataConvertor 软件。该软件采用国家规定的转换参数,采用双线性内插方法进行逐点转换,实现 1954 北京坐标系和 1980 西安坐标系向 CGCS2000 的转换。该软件支持 ArcGIS、MapGIS、AutoCAD 等软件使用的矢量数据格式;支持 GeoTiff、IMG 等影像数据格式;支持 XLSX、MDB、TXT、CSV 等文本、表格格式坐标的转换;支持 Oracel 数据库等大型数据库。转换方法包括单点转换、单文件转换、文件目录转换、数据库转换等多种方式。同时,该软件提供转换进程实时查看、转换报错信息存档、转换结果辅助质检等辅助功能,支持断点续转、跳过错误文件等容错功能,转换效率高。

该软件得到自然资源部门的质检认证,完成了自然资源部本级数据库的 CGCS2000 转换,并在广东、安徽、云南、内蒙古、江西等多个省份得到广泛应用。该软件支持数据格式多,转换效率高,转换容错性能高,转换方式灵活,用户反映良好。

2000 国家大地坐标系框架转换软件(简称"Supercoord")实现了 1954 北京坐标系和 1980 西安坐标系框架、国际地球参考框架(ITRF)与 2000 国家大地坐标系框架间地理信息成果的转换。通过工程化的管理实现不同框架之间三维七参数、二维七参数等模型转换,可以计算转换参数和转换数据。通过板块运动模型 CPM-CGCS2000 实现了地心坐标系不同框架、不同历元到 2000 国家大地坐标系的转换。

参考文献

边少锋,柴洪洲,金际航,2005.大地坐标系与大地基准[M].北京:国防工业出版社.

陈健,晁定波,1989.椭球大地测量学[M].北京:测绘出版社.

陈俊勇,1999.改善和更新我国大地坐标系统的思考[J].测绘通报(6):2-4.

陈俊勇,2002.对我国建立现代大地坐标系统和高程系统的建议[J].测绘通报(8):1-5.

陈俊勇,2003a.关于中国采用地心 3 维坐标系统的探讨[J].测绘学报,32(4):283-288.

陈俊勇,2003b.建设我国现代大地测量基准的思考[J].武汉大学学报(信息科学版),28(增刊 1):1-6.

陈俊勇,2003c.世界大地坐标系统 1984 的最新精化[J].测绘通报(2):1-3.

陈俊勇,2004.中国采用地心 3 维坐标系统对现有地图的影响初析[J].测绘学报,33(1):1-5.

陈俊勇,2005a.国际地球参考框架 2000(ITRF2000)的定义及其参数[J].武汉大学学报(信息科学版),30(9):753-756,761.

陈俊勇,2005b.面向数字中国建设中国的现代大地测量基准[J].地理空间信息,3(5):1-3.

陈俊勇,2007.大地坐标框架理论和实践的进展[J].大地测量与地球动力学,27(1):1-6.

陈俊勇,2008.与动态地球和信息时代相应的中国现代大地基准[J].大地测量与地球动力学,28(4):1-6.

陈俊勇,党亚民,2005.全球导航卫星系统的新进展[J].测绘科学,30(2):9-12.

陈俊勇,文汉江,程鹏飞,2001.中国大地测量科学发展的若干问题[J].地球科学进展,16(5):681-688.

陈俊勇,杨元喜,王敏,等,2007.2000 国家大地控制网的构建和它的技术进步[J].测绘学报,36(1):1-8.

成英燕,程鹏飞,秘金钟,等,2007.大尺度空间域下 1980 西安坐标系与 WGS84 坐标系转换方法研究[J].测绘通报(12):5-8.

成英燕,程鹏飞,顾旦生,等,2007.天文大地网与 GPS2000 网联合平差数据处理方法[J].武汉大学学报(信息科学版),32(2):148-151.

程传录,郭春喜,王小瑞,2005.关于国家高精度 GPS B 级网成果的使用问题[J].测绘科学,30(5):31-32.

程鹏飞,杨元喜,李建成,等,2007.我国大地测量及卫星导航定位技术的新进展[J].测绘通报(2):1-4.

党亚民,秘金钟,成英燕,2007.全球导航卫星系统原理与应用[M].北京:测绘出版社.

党亚民,陈俊勇,2008.国际大地测量参考框架技术进展[J].测绘科学,33(1):33-36.

符养,韩英,2002.ITRF2000 和新的全球板块运动模型[J].测绘学院学报(2):85-87.

龚健雅,2001.地理信息系统基础[M].北京:科学出版社.

顾旦生,1997.一组高精度椭球面电子计算实用公式[J].测绘通报(3):2-9.

顾国华,2006.参考框架、坐标变换和地壳运动[J].测绘通报(8):24-27.

胡明城,2003.现代大地测量学的理论及其应用[M].北京:测绘出版社.

黄杏元,马劲松,2008.地理信息系统概论[M].3 版.北京:高等教育出版社.

李征航,徐德宝,董揸英,等,1998.空间大地测量理论基础[M].武汉:武汉测绘科技大学出版社.

廖克,2003.现代地图学[M].北京:科学出版社.

刘大杰,白征东,施一民,等,1997.大地坐标转换与 GPS 控制网平差计算及软件系统[M].上海:同济大学出版社.

刘宏林,1998.国家基本比例尺地形图新旧图幅编号变换公式及其应用[J].测绘通报(8):36-37.

刘艳亮,张海平,徐彦田,等,2019.全球卫星导航系统的现状与进展[J].导航定位学报,7(1):18-21+27.

宁津生,2002.现代大地测量参考系统[J].测绘通报(6):1-5.

宋紫春,2003.我国空间大地网的建设进展[J].全球定位系统,28(1):18-22.

唐颖哲,杨元喜,宋小勇,2003.2000 国家 GPS 大地控制网数据处理方法与结果[J].大地测量与地球动力学,23(3):77-82.

王敏,张祖胜,许明元,等,2005.2000 国家 GPS 大地控制网的数据处理和精度评估[J].地球物理学报,48(4):817-823.

魏子卿,2003.我国大地坐标系的换代问题[J].武汉大学学报(信息科学版),28(2):138-143.

魏子卿,2006.关于 2000 中国大地坐标系的建议[J].大地测量与地球动力学,26(2):1-4.

熊介,1988.椭球大地测量学[M].北京:解放军出版社.

徐世依,杨力,赵海山,2017.最新国际地球参考框架 ITRF2014 的分析与评述[J].海洋测绘,37(2):6-10.

许家琨,2005.常用大地坐标系的分析比较[J].海洋测绘,25(6):71-74.

杨元喜,2005.中国大地坐标系建设主要进展[J].测绘通报(1):6-9.

杨元喜,张丽萍,2007.坐标基准维持与动态监测网数据处理[J].武汉大学学报(信息科学版),32(11):967-971.

于小平,崔荣杰,凌若飞,2005.现代大地测量参考系统的进展[J].吉林大学学报(地球科学版),35(S1):19-22.

赵一晗,伍吉仓,王伟,2007.基准与坐标系之间关系的探讨[J].大地测量与地球动力学,27(2):89-93.

张梓巍,白玉星,李晨曦,2023.全球导航卫星系统的发展综述[J].科技与创新(9):150-152.

郑祖良,1993.大地坐标系的建立与统一[M].北京:解放军出版社.

周忠谟,易杰军,周琪,1997.GPS 测量原理与应用[M].北京:测绘出版社.

朱华统,1986.大地坐标系的建立[M].北京:测绘出版社.

朱华统,1990.常用大地坐标系及其变换[M].北京:解放军出版社.

朱华统,杨元喜,吕志平,1994.GPS 坐标系统的变换[M].北京:测绘出版社.

朱文耀,熊福文,宋淑丽,2008.ITRF2005 简介和评析[J].天文学进展,26(1):1-14.

ALTAMIMI Z, COLLILIEUX X, LEGRAND J, et al, 2007. ITRF2005: a new release of the International Terrestrial Reference Frame based on time series of station positions and earth orientation parameters[J]. Journal of Geophysical Research: Solid Earth,112(B9):1-6.

ALTAMIMI Z, COLLILIEUX X, MÉTIVIER L, 2011. ITRF2008: an improved solution of the international terrestrial reference frame[J]. Journal of Geodesy,85(8):457-473.

ALTAMIMI Z, REBISCHUNG P, COLLILIEUX X, et al, 2023. ITRF2020: an augmented reference frame refining the modeling of nonlinear station motions[J]. Journal of Geodesy,97(5):47-69.

ALTAMIMI Z, REBISCHUNG P, MÉTIVIER L, et al, 2016. ITRF2014: a new release of the international terrestrial reference frame modeling nonlinear station motions[J]. Journal of Geophysical Research: Solid Earth, 121(8):6109-6131.

ALTAMIMI Z, SILLARD P, BOUCHER C, 2002. ITRF2000: a new release of the international terrestrial reference frame for earth science applications[J]. Journal of Geophysical Research: Solid Earth, 107(B10):ETG 2-1-ETG 2-19.

BACHMANN S, THALLER D, ROGGENBUCK O, et al, 2016. IVS contribution to ITRF2014[J]. Journal of Geodesy, 90(7):631-654.

MANUELA S, MATHIS B, DETLEF A, et al, 2022. DTRF2014: DGFI-TUM's ITRS realization 2014[J]. Advances in Space Research, 69(6), 2391-2420.

REBISCHUNG P, ALTAMIMI Z, RAY J, et al, 2016. The IGS contribution to ITRF2014[J]. Journal of Geodesy, 90(7):611-630.

TORNATORE V, KAYIKCI E T, Roggero M, 2015. Analysis of GPS, VLBI and DORIS input time series for ITRF2014[C]//22nd European VLBI Group for Geodesy and Astrometry Working Meeting, Ponta Delgada, Azores. [S. l. : s. n.].

附录 A 国家测绘局启用 2000 国家大地坐标系公告

2008 年第 2 号

根据《中华人民共和国测绘法》,经国务院批准,我国自 2008 年 7 月 1 日起,启用 2000 国家大地坐标系。现公告如下:

一、2000 国家大地坐标系是全球地心坐标系在我国的具体体现,其原点为包括海洋和大气的整个地球的质量中心。2000 国家大地坐标系采用的地球椭球参数如下:

长半轴 $a = 6\,378\,137$ m

扁率 $f = 1/298.257\,222\,101$

地心引力常数 $GM = 3.986\,004\,418 \times 10^{14}$ m^{3}s^{-2}

自转角速度 $\omega = 7.292\,115 \times 10^{-5}$ rad s^{-1}

二、2000 国家大地坐标系与现行国家大地坐标系转换、衔接的过渡期为 8 年至 10 年。

现有各类测绘成果,在过渡期内可沿用现行国家大地坐标系;2008 年 7 月 1 日后新生产的各类测绘成果应采用 2000 国家大地坐标系。

现有地理信息系统,在过渡期内应逐步转换到 2000 国家大地坐标系;2008 年 7 月 1 日后新建设的地理信息系统应采用 2000 国家大地坐标系。

三、国家测绘局负责启用 2000 国家大地坐标系工作的统一领导,制定 2000 国家大地坐标系转换实施方案,为各地方、各部门现有测绘成果坐标系转换提供技术支持和服务;负责完成国家级基础测绘成果向 2000 国家大地坐标系转换,并向社会提供使用。国务院有关部门按照国务院规定的职责分工,负责本部门启用 2000 国家大地坐标系工作的组织实施和本部门测绘成果的转换。

四、县级以上地方人民政府测绘行政主管部门,负责本地区启用 2000 国家大地坐标系工作的组织实施和监督管理,提供坐标系转换技术支持和服务,完成本级基础测绘成果向 2000 国家大地坐标系的转换,并向社会提供使用。

特此公告。

国家测绘局

2008 年 6 月 18 日

附录 B　自然资源部关于停止提供 1954 年北京坐标系和 1980 西安坐标系基础测绘成果的公告

2018 年第 55 号

经国务院批准,我国于 2008 年 7 月 1 日起启用 2000 国家大地坐标系。根据《国家测绘局启用 2000 国家大地坐标系公告》(2008 年第 2 号)和《关于印发启用 2000 国家坐标系实施方案的通知》(国测国字〔2008〕24 号),从 2008 年起我国用 8～10 年时间完成向 2000 国家大地坐标系的过渡和转换。按照全面推行使用 2000 国家大地坐标系的要求,现决定自 2019 年 1 月 1 日起,全面停止向社会提供 1954 年北京坐标系和 1980 西安坐标系基础测绘成果。

特此公告。

自然资源部
2018 年 12 月 14 日

附录C　国土资源空间数据2000国家大地坐标系转换项目技术要求(2017年)

一、项目背景

按照《关于加快使用 2000 国家大地坐标系的通知》(国土资发〔2017〕30 号)要求,国土资源部本级于 2017 年底前,完成各类存量国土资源数据和地质调查数据的转换工作。2018 年 6 月底前,省级和市、县级分别完成本级存量数据转换工作,数据的上传和下发过渡到全面采用 2000 国家大地坐标系。2018 年 7 月 1 日以后,在全国国土资源数据采集、管理、应用和服务等各环节,全面采用 2000 国家大地坐标系。

国土资源部信息中心是国土资源部负责组织实施信息化建设的直属事业单位,经过多年信息化工作,信息中心积累了海量的国土资源数据,这些数据按照数据的更新方式可分为两大类:一类是定期汇交到信息中心的数据,这些数据由国土资源调查评价、规划产生,主要包括土地利用规划、矿产规划、遥感影像、土地利用现状等;另一类是通过日常管理同步更新的管理数据,这些数据由地方国土资源管理部门以坐标串的形式实时上报到各业务系统中进行备案,并将坐标串生成图形,因此在过渡期需要进行实时坐标系转换。使用坐标串的业务系统主要包括执法监察、建设用地预审、建设用地审批、土地登记、土地供应、土地整治、探矿权、采矿权等。

按照国土资源部部署,结合工作实际,信息中心将于 2017 年底前完成已有存量国土资源数据转换工作;在 2017 年 1 月 1 日到 2018 年 6 月 30 日的过渡期,对实时上报数据进行在线转换;并于 2018 年 7 月 1 日起全面使用 2000 国家大地坐标系。

二、目标任务

(一)工作目标

按照国土资源部的要求,完成信息中心各类空间数据向 2000 国家大地坐标系的转换,促进国土资源空间数据与其他行业数据共享,更好地支撑国土资源管理、审批、监管和决策。

(二)主要任务

(1)编制技术方案。根据国土资源数据类型、比例尺、存储方式等,编制数据转换技术方案。

(2)开发转换工具。开发存量数据转换软件和过渡期使用的实时数据在线转换工具。

(3)完成数据转换。完成各类国土资源空间数据向 2000 国家大地坐标系的转换,并对转换后的数据进行精度与质量检查。

(4)提供技术支持。向国土资源部各直属数据单位提供技术咨询与服务。

三、主要技术要求

(一)相关技术标准

采用的主要技术标准和依据包括:

——《国土资源系统使用 2000 国家大地坐标系实施方案》;

——《国土资源数据 2000 国家大地坐标系转换技术要求》;

——《启用 2000 国家大地坐标系实施方案》;

——《数字测绘成果质量检查与验收》(GB/T 18316—2008);

——《大地测量控制点坐标转换技术规范》(CH/T 2014—2016)。

(二)技术方案编制要求

全面分析国土资源地理信息成果数据类型、特点、数据量、转换要求和指标要求,在不影响数据应用和常规化业务的前提下,制定科学合理、易于操作的转换流程,并根据不同的数据成果类型和精度要求,确定切实可行的转换方法。

技术方案主要内容应包括:数据情况、坐标转换前技术准备、坐标转换的工艺流程、技术方法、转换成果质量控制方法、质量检查评测方法等。

技术方案确定的转换流程和技术方法需要使用实验数据测试验证,并进行质量精度检查。若实验结果达不到预期指标要求,则需要进一步修改完善方案,直到确保转换结果正确、转换后数据精度满足要求。

(三)开发转换工具

1. 存量数据转换

存量数据坐标转换软件可实现各种比例尺国土资源空间数据(库)不同坐标系间的相互转换,并满足精度要求。具体要求如下。

1)支持的转换对象

能够解决国土资源文件数据和数据库实体数据的坐标转换需求。转换对象有三类:第一类是国土资源各类矢量数据,第二类是国土资源各类栅格数据,第三类是各业务系统接收的存量坐标串数据(坐标串数据为 3° 或 6° 分带,1980 西安坐标系下的大地坐标,比例尺大于1∶1 万)。

2)适用 GIS 平台和格式

软件应能够支持主流 GIS 平台和格式。其中矢量数据支持ArcGIS、AutoCAD、Geoway、MapGIS、SuperMap 等,包括单个文件数据(如 Shapefile 等)和地理空间数据数据库(如 Geodatebase 等);栅格数据支持单个影像数据(如 GeoTIFF、TIFF、IMG 等)和数据集格式(如 Raster Dataset 等);坐标串数据支持 XML、SHP、XLSX、TXT 等格式。

3)技术要求

坐标系间的转换可以采用转换模型通过转换参数转换,也可以采用板块运动模型归算实现不同国际地球参考框架(ITRF)的转换。

——转换模型实现不同坐标系间转换。

转换模型包括二维七参数(大地微分公式)、二维四参数、三维七参数(布尔莎模型)、三维四参数和三维三参数模型。用公共点计算转换参数时易于操作、可视化,统计转换参数内符合和外符合精度,并且能够将转换参数按格式要求转化为坐标格网改正量,可满足不同转换需求。

——板块运动模型归算实现 ITRF 转换。

2000 国家大地坐标系采用 ITRF 的 1997、2000 历元,不同的框架(ITRF97、ITRF2000、ITRF2005、ITRF2008、ITRF2014)数据使用板块运动模型归算和框架间转换实现与 2000 国家大地坐标系的转换,软件中内嵌全国速度场模型。

4)功能要求

——空间数据读写。

支持各类国土资源空间数据直接读写,包括矢量数据、影像数据和文本数据等;支持地图输入,将当前地图视图按一定分辨率导出为图片或 pdf 格式。

——图层控制。

支持各类空间数据基本的浏览操作,包括矢量数据、影像数据、文本数据等;支持多图层、多要素的叠加显示,支持比例尺控制和地图样式的配置,实现对海量空间数据和影像数据的快速无缝浏览。

——空间查询与分析。

支持数据的空间查询和属性查询;支持面积和距离的量测,实现图斑坐标转换前后几何属性分析。

——坐标系转换。

对于空间数据库形式的数据,实现整库转换,无须进行数据库数据的格式转换;对于影像数据,支持创建金字塔;坐标转换不受比例尺及范围限制,分幅或区域矢量数据坐标转换为无缝转换,不同比例尺同一要素点坐标转换结果满足相应精度要求;转换后的数据不遗失、不漏转、精度不损失,仍保持原有数据的完整性、一致性和正确性,即除坐标系转为目标坐标系外,数据的格式、精度、属性等与转换前保持一致;转换过程中显示转换进度和转换日志,转换失败时提示错误原因及相应解决方案;提供对比分析功能,对比图显示当前坐标系,设置左右联动可同步操作左右视图,并提供常用地图视图操作和测量工具(测算距离和面积),以便检验转换结果。

——转换精度和质量检查。

能对转换后的数据进行精度和质量检查,包括空间数据的拓扑检查、属性检查等;对于批量数据坐标系或坐标框架转换,能检测转换数据是否有缺失;能输出空间数据转换后的检查报告。

——辅助功能。

支持高斯投影 3°、6°和任意带换带转换,支持空间直角坐标和大地坐标互转;椭球包括 WGS-84 椭球、CGCS2000 椭球、北京 54 椭球和西安 80 椭球;支持方里网生成,可以生成 1∶5 000、1∶1 万、1∶5 万标准图幅国家坐标系、任意坐标范围的 SHP 格式方里网;实现对数据进行拼接,以及按指定的分幅要求在国家坐标系下进行裁切。

5)性能要求

软件性能稳定、可靠,人机界面友好,自动化程度高,操作性强,输入输出方便,帮助信息完整。

软件应符合信息安全有关规定,提供必要的应急响应机制,网络断线、死机、断电等意外情况不得造成数据逻辑和约束关系错乱。

转换效率高,节省时间,可以满足上百太(T)字节海量数据的转换工作。

软件应满足 24 小时×365 天不间断稳定运行的要求。

软件开发须符合国家相关安全保密规定。

软件适应性强,支持对 32 位和 64 位系统部署,支持跨平台部署。

2. 实时数据转换

实时数据在线转换工具可实现地方上报的大量坐标串数据的实时转换。

1)转换对象

转换对象为实时上传的坐标串数据,坐标串数据为 1980 西安坐标系下 3°或 6°分带的大地坐标(无高程信息),比例尺大于 1∶1 万。

2)适用格式

支持 XML、SHP、XLSX、TXT 等格式。

3)技术要求

坐标系间的转换可以采用转换模型通过转换参数转换,也可以采用板块运动模型归算实现不同国际地球参考框架(ITRF)的转换。

——转换模型实现不同坐标系间转换。

转换模型包括二维七参数(大地微分公式)、二维四参数、三维七参数(布尔莎模型)、三维四参数和三维三参数模型。用公共点计算转换参数时易于操作、可视化,并且统计转换参数内符合和外符合精度,按要求计算转换参数,可满足不同转换需求。

——板块运动模型归算实现 ITRF 转换。

2000 国家大地坐标系采用 ITRF 的 1997、2000 历元,不同的框架(ITRF97、ITRF2000、ITRF2005、ITRF2008、ITRF2014)数据使用板块运动模型归算和框架间转换实现到 2000 国家大地坐标系的转换,软件中内嵌全国速度场模型。

4)功能要求

实时数据在线转换工具以插件的形式安装到各业务应用系统中,通过网络服务接口获取应用系统接收的实时坐标串数据,利用 1∶1 万图幅改正量或控制点信息,实现实时坐标串数据从 1980 西安坐标系向 2000 国家大地坐标系的转换,并通过网络服务接口将转换结果返回各应用系统。

转换工具能进行错误提示,转换失败时提示错误原因及相应解决方案。

转换工具可实现多数据并发批量转换,转换结果可以存储在指定文件目录。

坐标转换不受比例尺及范围限制,不同比例尺同一要素点的坐标转换结果一致。

转换后的数据不遗失、不漏转、精度不损失,仍保持原有数据的完整性、一致性和正确性,即除坐标系转为目标坐标系外,数据的格式、精度、属性等与转换前保持一致。

5)性能要求

系统性能稳定、可靠,人机界面友好,自动化程度高,操作性强,输入输出方便,帮助信息完整。

转换工具支持大量数据的高效、实时转换,可满足 1 000 条/秒的转换速度要求。

软件应符合信息安全有关规定,提供必要的应急响应机制,网络断线、死机、断电等意外情况不得造成数据逻辑和约束关系错乱。

软件应满足 24 小时×365 天不间断稳定运行的要求。

软件开发须符合国家相关安全保密规定。

软件适应性强,采用 C♯或 JAVA 开发,支持跨平台部署。

(四)数据转换

根据列出的数据清单,完成所有数据向 2000 国家大地坐标系的转换,转换后的数据不遗失、不漏转、精度不损失,仍保持原有数据的完整性、一致性和正确性,即除坐标系转为 2000 国家大地坐标系外,数据的格式、精度、属性等与转换前保持一致。

根据数据清单,对各类数据分别进行质量检查与精度评价,并提供每一类数据的转换报告。

完成坐标系转换后,须将转换后的成果移回原数据库中,并进行一段时间的试运行,通过各业务系统的使用,进一步对坐标系转换成果进行测试。

部分国土资源空间数据为涉密数据,坐标系转换工作须在信息中心提供的专门场所进行,采用专用设备进行处理。数据转换工作人员须严格遵守相关的保密法律、法规,切实保障数据转换处理各个环节的数据安全。

附录 D　坐标转换实例

以全国自然资源数据库转换及精度评价为例,介绍坐标转换及精度评价情况。

一、数据基本情况

全国自然资源数据库包括土地、矿产和管理 3 大类 28 小类数据。土地类数据包括全国土地利用规划数据库、全国基本农田数据库、全国土地整治规划数据库。矿产类数据包括矿产规划、矿产资源储量、地质勘察规划等数据。管理类数据包括建设审批、建设用地预审、土地供应、农村土地整治、城乡建设用地增减挂钩、探矿权、采矿权、油气勘探、高标准农田矿业权配号等数据。

数据格式:矢量数据和坐标串数据。矢量数据采用 ArcGIS GDB 格式,坐标串数据采用文本文件和数据库文本字段两种形式,数据库采用 Oracle 数据库。

原始坐标系:1954 北京坐标系和 1980 西安坐标系。

数据量:约 20 TB。

二、坐标转换方法

坐标转换采用 1∶1 万格网改正量为转换参数,采用双线性内插逐点转换法进行转换。

三、转换流程

转换流程包括数据整理、数据备份、坐标转换、转换质检、成果提交。

四、坐标转换软硬件环境

软硬件环境如表 D.1 和表 D.2 所示。

表 D.1　软件环境

软件类型	版本(型号)
操作系统	服务器:Windows Server 2008 客户端:Windows 7 专业版
GIS 软件	ArcGIS Desktop 10.2
编译软件	Visual Studio 2015;ArcGIS Engine10.2,RUNTIME,SDK
数据库软件	Oracle Database 11g
坐标转换软件	GeoInfo DataConvertor(中国测绘科学研究院自主开发的坐标转换软件)
其他软件	Microsoft Office 2015

表 D.2　硬件环境

设备类型	数量	技术指标
服务器	4	内存:32 GB 硬盘:共计 70 TB 显卡:独立显卡 操作系统:Windows Server 2008
客户端	2	内存:8 GB 硬盘:500 GB 显卡:独立显卡 操作系统:Windows 7 专业版
其他	若干	交换机、网络线路等构成局域网的其他设备

五、转换精度评价

（一）精度评价主要内容

精度评价主要包括点位坐标转换的精度检核,面状要素面积转换的精度检核。点位坐标转换的精度检核采用内符精度检核和外符精度检核两种方式进行。内符精度检核是对 1980 西安坐标系下点位坐标按格网点进行内插,并将其与转换后实际 2000 国家大地坐标系下的坐标进行比较,检验转换过程的正确性和内部符合精度;外符精度检核根据两个坐标系下的重合点求取的转换参数对 1980 西安坐标系下的点位坐标串进行转换,并将其与转换后的坐标进行比对,检验转换后的坐标是否满足外部转换精度要求。面状要素面积转换的精度检核主要检查转换前后的面积差以及面积差占转换前面积的比值,并对面积差及比值相对较大的地区的精度与控制点精度进行对比,确定是否满足控制精度要求。

(二)点位坐标转换的精度检核

1. 点位坐标转换的精度检核点

点位坐标转换的精度检核选用我国不同百万分幅中的一、二等控制点数据作为数据源。根据控制点误差分布情况,按照西部、中部和东北三个分区,选择检核数据。同时为反映转换精度由东向西的变化情况,沿纬线方向选取东经 72°到 126°全国范围内的区域,沿经线方向选取北纬 0°到 56°范围的区域,这基本反映了全国坐标转换的精度和分布。具体选取的纬线 1 条、经线 4 条范围见表 D.3(中间有部分交叉)。所选的图幅范围涵盖 26 个百万分幅图,约占全国百万分幅图的 50%。控制点数占全部一、二等控制点数的 70%以上。所选区域具有较强的代表性。

实验数据的具体范围及数据情况见表 D.3。

表 D.3 实验区范围

序号	走向	范围		重合点数
		东经/(°)	北纬/(°)	
1	经向 1	83~91	26~50	4 922
2	经向 2	101~109	20~44	8 459
3	经向 3	107~115	0~29	3 921
4	经向 4	119~127	20~56	8 459
5	纬向 1	72~126	31~37	9 862

依据上述实验区进行坐标转换实验,选择各百万分幅图为坐标转换基本区域,即经度差为 6°,纬度差为 4°,根据以上原则将实验区分成 26 个区域,文件名分别以英文 26 个字母命名。各实验区分布情况如图 D.1 所示,编号分别对应表 D.3 中的说明。其中,覆盖经度范围为东经 73°33′至 135°05′;覆盖纬度范围为北纬 3°51′至 53°33′;按百万图幅划分,每格为 6°×4°。

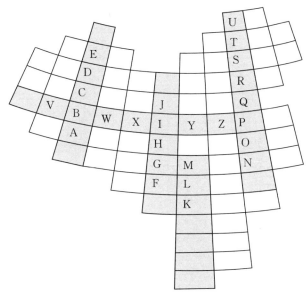

图 D.1　实验区分布情况

2. 各分区控制点质量分析

26 个区域根据所选控制点的分布去掉没有控制点的区,则共有 23 个区域参加检核验证。每个区域的控制点情况见表 D.4。

表 D.4　23 个区域的控制点数

分区	控制点数	分区	控制点数	分区	控制点数	分区	控制点数	分区	控制点数
A	1 731	G	2 846	L	1 766	R	3 596	X	1 384
C	890	H	2 267	M	2 872	S	3 285	Y	2 660
D	1 696	I	1 907	O	1 099	T	1 851	Z	2 765
E	1 161	J	2 430	P	724	U	389		
F	1 249	K	243	Q	1 048	V	901		

各分区采用二维七参数转换模型进行七参数拟合,并依据三倍中误差标准剔除粗差点。

3. 分区控制点转换精度分析

以上各分区七参数拟合精度见表 D.5。

表 D.5　各分区七参数拟合精度

分区	公共点总数量	粗差点数量	转换中误差/m
A	1 721	376	0.090 0
C	859	24	0.291 0
D	1 696	292	0.087 0
E	1 161	204	0.093 0
F	1 249	226	0.078 0
G	2 846	163	0.090 0
H	2 267	195	0.081 0
I	1 907	173	0.063 0
J	2 430	138	0.066 0
K	243	19	0.024 0
L	1 766	417	0.063 0
M	2 872	172	0.042 0
O	1 099	90	0.036 0
P	724	161	0.051 0
Q	1 048	372	0.132 0
R	3 596	604	0.045 0
S	3 285	178	0.066 0
T	1 851	278	0.189 0
U	389	86	0.105 0
V	901	305	0.201 0
X	1 384	214	0.090 0
Y	2 660	183	0.039 0
Z	2 765	131	0.069 0
最大误差			0.291 0
最小误差			0.024 0
平均误差			0.091 0

　　23 个分区控制点数量相差较大,最多的区域有 3 000 多个点,如 R 区和 S 区;最少的区域只有 200 多个点,如 K 区。拟合精度转换中误

差最小的为 K 区,为 0.024 0 m;最大的为 C 区,为 0.291 0 m。C 区位于我国西部地区,该区域控制点本身的精度相对较差。同时,大部分粗差点位于区域的边缘地区。

4.检核点转换精度分析

采用在全国范围内随机抽取的方式抽取检核点,同时顾及已有控制点的分布情况,共抽取了 376 个检核点。

采用根据筛选出来的控制点求出的转换参数,将 376 个点从 1980 西安坐标系转换到 2000 国家大地坐标系,并将其与转换后的结果进行比较,根据差值的绝对值,把误差分成[0,0.2) m、[0.2,0.3) m、[0.3,0.7] m 这 3 组,并计算各组检核点数的占比,误差绝对值最小值为 0 m,最大值为 0.68 m,各组点数统计结果如表 D.6 所示。其中[0.3,0.7] m 的大误差的点一般都位于区域边缘。

表 D.6　检核点误差分布情况统计

误差分布区间/m	点数	占比	所在分区
[0,0.2)	335	89%	
[0.2,0.3)	27	7%	A 区、L 区、O 区
[0.3,0.7]	14	4%	X 区

从以上分析可以看出,转换误差大的点均分布在控制点精度比较差的区域,转换后的精度与所在区域的控制点精度相当,说明转换结果在误差允许的范围内,整体外部检核没有大的偏差。

(三)面状要素面积转换的精度检核

1.面积检核要素类选择

为增强面积检核结果的代表性,选择检核要素时应遵循以下原则:

(1)代表性原则。要求选择的面状要素数据必须具有较强的代表性,能准确反映面积转换的总体精度情况;数据范围必须完整覆盖全国,能准确反映全国不同地区的面积精度;记录条数不能少于 100 万条。

(2)便于计算的原则。面状要素数据必须能够在较短时间内完成面积计算和面积差的比较,数据量不能太大,记录条数不大于 1 000 万条。

按照上述原则,选择全国自然资源数据库中基本农田保护区要素类作为面积检核要素类,该要素类共包含 685 万多条记录,完整覆盖全国范围,记录条数适中,具有一定的代表性,同时能兼顾检核的计算效率。

2. 面积检核方法

面积检核过程分为坐标转换、投影变换、面积计算、面积检核四个工作步骤。

1)坐标转换

利用 GeoInfo DataConvertor 坐标转换软件,将基本农田保护区要素类进行坐标转换,分别得到转换前和转换后的要素类文件,分别记作 JBNTBHQ_ORIGIN 和 JBNTBHQ_TRANED。

2)投影变换

利用 ArcGIS 软件,分别将 JBNTBHQ_80 和 JBNTBHQ_2000 进行投影转换,转换为平面坐标系,分别记作 JBNTBHQ_80_Prj 和 JBNTBHQ_2000_Prj。用投影后要素类作为面积检核的数据源。

3)面积计算

利用 ArcGIS 软件的面积计算功能,分别计算转换前后两个文件中的多边形面积,得到各多边形转换前后的面积。

4)面积检核

选取面积(S)差和面积差占比(P)两个指标进行面积检核。面积差占比以百万分之一(ppm)为单位。公式为

$$S_{2000\_80} = S_{\text{JBNTBHQ\_2000\_Prj}} - S_{\text{JBNTBHQ\_80\_Prj}}$$

$$P = S_{2000\_80} / S_{\text{JBNTBHQ\_80\_Prj}} \times 1\ 000\ 000$$

3. 检核结果及分析

通过上述方法,计算得到面积差和面积差占比,按照不同分类间隔进行统计,得到表 D.7 和图 D.2。

表 D.7　面积差统计表

类别	面积差绝对值/m²	多边形个数	占全部图形要素个数的比例*
1	＞10 000	96	0.001%
2	(5 000,10 000]	169	0.002%

类别	面积差绝对值/m²	多边形个数	占全部图形要素个数的比例*
3	(1 000,5 000]	1 062	0.016%
4	(500,1 000]	1 820	0.027%
5	(100,500]	9 959	0.145%
6	(50,100]	14 699	0.215%
7	(10,50]	109 336	1.596%
8	(5,10]	114 729	1.675%
9	(1,5]	590 557	8.620%
10	≤1	6 008 749	87.704%

* 本列数据有截断误差。

通过分析可以得出,96%以上的要素面积差在 5 m² 以内,98%的要素面积差小于 10 m²。选取面积差较大的($\geqslant$10 000 m²)的多边形数据进行分析。在面积差超过 10 000 m² 的 96 个多边形中,原始图形的面积均较大,面积差占比全部小于 30×10^{-6},面积差占比处于较低的水平。因此可以得出,转换前后面积差较大完全是由原始图形面积大、点位多引起的,不存在算法误差、计算失误造成的面积差增大问题。

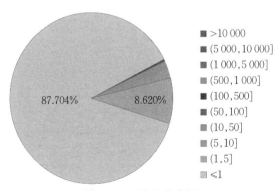

图 D.2　面积差分布图

按照转换前后面积差占比进行分类统计,并制作统计饼图,如图 D.3 所示。面积差占比小于等于 10×10^{-6} 的多边形占比超过

76%,面积差占比小于等于 20×10^{-6} 的多边形占比超过 98%,只有 1.367%的多边形面积差占比超过 20×10^{-6},总体面积转换变形较小。

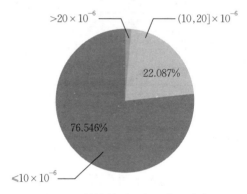

图 D.3   转换前后面积差占比分布

4. 面积检核结论

通过上述分析,从面积差和面积差占比两个方面来看,数据转换精度较高,整体面积变形较小,符合面积变形预期。

附录 E　GeoInfo DataConvertor 坐标转换软件介绍

一、简介

GeoInfo DataConvertor 是中国测绘科学研究院针对自然资源部 2000 国家大地坐标系转换任务,自主研制的专用软件。该软件能实现 1954 北京坐标系、1980 西安坐标系成果向 2000 国家大地坐标系的转换,支持矢量数据(SHP、GDB、DXF、WT、WL、WP 等)、影像、文本、数据库、自然资源专业数据等主流数据。主要功能包括:矢量转换、SHP 批量转换、数据库批量转换、文本文件转换、单点转换、专业数据格式转换、影像转换等。

二、矢量转换

矢量转换功能用于实现 SHP 等矢量数据文件的坐标转换,如图 E.1、图 E.2 所示,包括单个文件转换、文件目录转换等多种转换方式。

图 E.1　矢量转换标签

图 E.2　矢量转换界面

三、SHP 批量转换

SHP 批量转换功能用于快速、批量完成 SHP 矢量数据的坐标转换，如图 E.3、图 E.4 所示，包括显示转换精度、查询进度、提供转换日志等辅助功能。

图 E.3　SHP 批量转换功能标签

图 E.4　SHP 批量转换界面

四、数据库批量转换

数据库批量转换功能用于完成 GDB 等矢量数据库的转换，如图 E.5、图 E.6 所示，包含单数据库转换、多数据库转换，以及数据库中单个、多个文件转换等多种转换方式，并支持转换进度实时查询、转换日志显示等。

图 E.5　数据库批量转换功能标签

图 E.6　数据库批量转换界面

单数据库转换用于完成单个数据库的转换,如图 E.7、图 E.8 所示。

图 E.7　单数据库转换功能标签

图 E.8　单数据库转换界面

五、文本文件转换

文本文件转换功能用于完成 TXT、CSV、XLSX 等文本、表格格式的坐标串数据的转换,如图 E.9、图 E.10 和图 E.11 所示,支持探矿权、采矿权、建设用地审批等专用格式的坐标串转换。

图 E.9　文本文件转换功能标签

图 E.10　文本文件转换界面

图 E.11　文本文件格式模板

六、单点转换

单点转换功能用于完成单个坐标点的转换,如图 E.12、图 E.13 所示,支持十进制和六十进制、度分秒的经纬度,以及以米为单位的投影平面坐标等多种格式的坐标对、坐标串转换。

图 E.12　单点转换功能标签

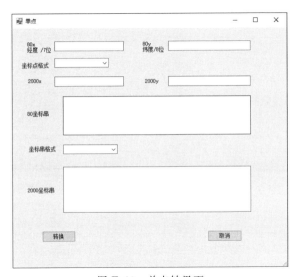

图 E.13　单点转界面

七、专业数据格式转换

专业数据格式转换功能用于完成 Oracle 数据库中存储的探矿权、采矿权、土地整治等专用格式的坐标串转换。以探矿权数据坐标转换为例,转换方法如下:首先在备份的表中新建一个字段"NA_AREA_COORDINATE2000",字段类型与原待转坐标字段一致(字段为BLOB 或 CLOB 类型);选择"单字段坐标串"转换功能,连接待转换数据库,选择待转换的表,填写转换参数,确定主键(唯一标识),确定包含待转坐标串的字段名称和转换后保存的新坐标的字段名称,明确原坐标的"空间参考标识"字段;完成上述设置,即可开始转换,如图 E.14 和图 E.15 所示。

图 E.14　单字段坐标串转换功能标签

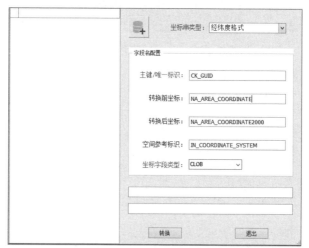

图 E.15　单字段坐标串转换界面

土地整治数据格式的坐标转换方法如下:选择"两字段坐标串"转换功能(图 E.16),新建三个字段"x_2000""y_2000""iszhuan",新建一个视图(图 E.17),关联三个表,设置坐标表的主键、原始坐标、新建的转换后坐标、带号字段、iszhuan 字段、空间参考等参数。

图 E.16　两字段坐标串转换功能标签

```
SELECT DISTINCT
    C."PCD_GUID",
    C."X_COORD",
    C."Y_COORD",
    B.TERRAIN_NO
FROM
    OLDPNT_COORD C,
    GHBJTZ_PROJECTIONINFO B,
    GHBJTZ_OLD_PLOT A
WHERE
    A.PPI_GUID = B.PPI_GIOD
    AND B.COORD_SYS = '80国家大地坐标系'
    AND C.X_COORD >0
    AND C.X_COORD IS NOT NULL
    AND C.Y_COORD >0
    AND C.Y_COORD IS NOT NULL
    AND C.PL_GUID = A.PL_GIOD
    AND C."iszhuan" IS NULL
```

图 E.17　视图模板

　　软件还支持用于矿产资源储量统计的 KS 表、ZB 表等 Access 数据库存储专用格式的数据转换。

　　KS 表转换方法：选择"MDB_KS"转换功能，输入包含 KS 表的 MDB 文件目录等参数，即可进行转换，如图 E.18 所示。

图 E.18　KS 表数据转换功能标签

　　ZB 表转换方法：选择"MDB_ZB"转换功能，输入包含 ZB 表的 MDB 文件目录，即可进行转换，如图 E.19 所示。

图 E.19　ZB 表数据转换功能标签

八、影像转换

　　影像转换功能用于完成 DOM 数据的转换，如图 E.20 所示。转换方法如下:添加栅格文件的原始存放目录、输出目录、重采样方法、是否为输出影像建立金字塔等参数,即可进行转换。软件支持转换进度查询、显示及生成转换日志等辅助功能。

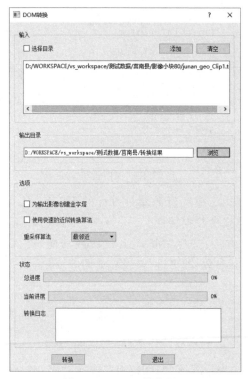

图 E.20　DOM 转换界面

九、数据检查

数据检查功能用于对转换后的数据进行质量检查,主要包括字段检查、记录检查、空间对比检查等多种辅助检查功能。

十、其他辅助功能

软件还支持地图数据浏览、数据备份、转换参数管理等辅助功能。

附录 F 国土审批报件实时转换服务

一、Web Service 功能

国土审批报件中,地方需要上报用地的边界坐标和坐标系统,以及与已有的基本数据的比对,以判断是否审批。上传数据和基本数据需要有统一的坐标基准,当基本数据采用 2000 国家大地坐标系时,需要将上传数据转换到 2000 国家大地坐标系。地方上报的大量坐标串数据的 1980 西安坐标系和 2000 国家大地坐标系互相转换通过 Web Service 实现。Web Service 部署在固定的内网服务器上,各应用系统通过 Web Service 接口调用转换服务,使接收的实时坐标串数据向 2000 国家大地坐标转换,转换结果通过 Web Service 接口返回各应用系统。数据主要包括地政、矿政坐标串格式(图 F.1)。

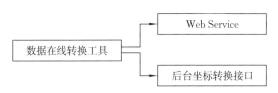

图 F.1 实时数据转换 Web Service 组成

二、Web Service 接口模式

各应用系统通过 Web Service 接口调用后台的坐标转换服务,将实时坐标串数据转换,并将转换结果返回给应用系统。

三、Web Service 接口

Web Service 调用接口包括 DataTrans、DownloadFile、UploadFile、ShpFileTrans 和 HelloWorld 五个接口,如图 F.2、图 F.3 所示。

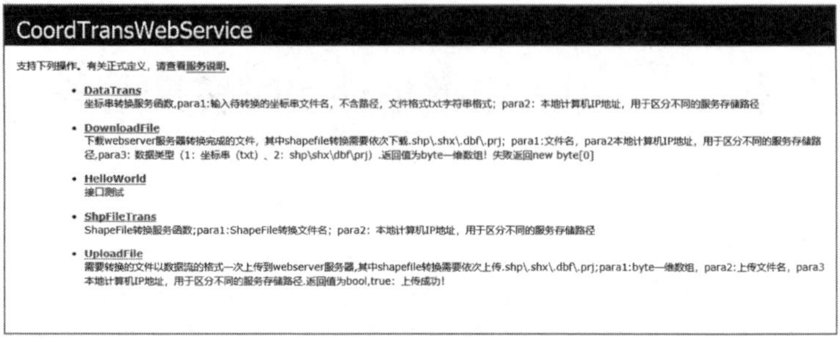

图 F.2　Web Service 调用接口

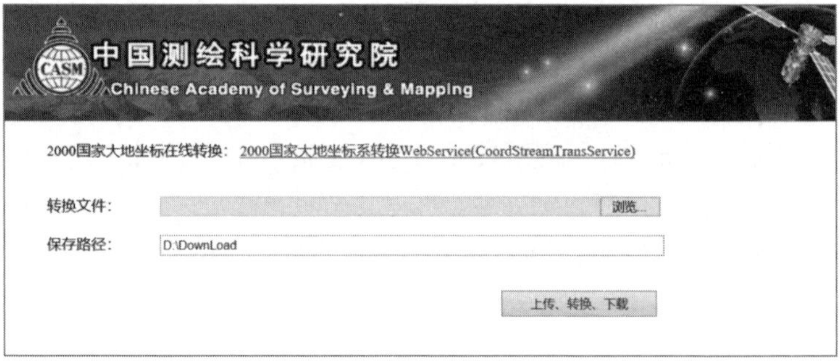

图 F.3　调用样例

附录 G 缩略语

序号	缩略语	全称	中文
1	APKIM	actual plate kinematic model	大地测量实际板块运动模型
2	BDSBAS	BeiDou satellite based augmentation system	北斗星基增强系统
3	BDS	BeiDou Navigation Satellite System	北斗导航卫星系统
4	BDT	BDS time	北斗时
5	BIH	Bureau International de l'Heure (法)	国际时间局
6	CAS	commercial authentication service	商业身份验证服务
7	CGCS2000	China Geodetic Coordinate System 2000	2000 国家大地坐标系
8	CGS	Centro di Geodesia Spaziale(意)	意大利空间大地测量中心
9	CODE	Center for Orbit Determination in Europe	欧洲定轨中心
10	CORS	continuously operating reference station	卫星导航定位基准站
11	CPM-CGCS2000	China plate motion model of CGCS2000	CGCS2000 板块运动模型
12	CQG2000	Chinese quasi-geoid 2000	2000 中国似大地水准面模型
13	CRF	celestial reference frame	天球参考框架
14	CRL	Communications Research Laboratory	通信研究实验室
15	CSR	Center for Space Research	美国空间研究中心
16	CTP	conventional terrestrial pole	协议地极
17	DEM	digital elevation model	数字高程模型

续表

序号	缩略语	全称	中文
18	DGFI	Deutsches Geodätisches Forschungsinstitut(德)	德国大地测量研究所
19	DLG	digital line graph	数字矢量地图
20	DMA	Defense Mapping Agency	美国国防制图局
21	DoD	Department of Defense	美国国防部
22	DOM	digital orthophoto map	数字正射影像图
23	DORIS	Doppler orbitograph and radio positioning integrated by satellite	多里斯系统
24	DRG	digital raster graph	数字栅格地图
25	DSM	digital surface model	数字表面模型
26	DTM	digital terrain model	数字地形模型
27	EGM96	earth gravitational model 1996	1996 地球重力场模型
28	EGM2008	earth gravitational model 2008	2008 地球重力场模型
29	EGNOS	European geostationary navigation overlay service	欧洲星基增强系统
30	EOP	earth orientation parameter	地球定向参数
31	ERF	epoch reference frame	历元参考框架
32	FOC	full operational capability	完全运行能力
33	GAGAN	GPS and GEO augmented navigation system	印度星基增强系统
34	Galileo	Galileo Navigation Satellite System	伽利略导航卫星系统
35	GEO	geostationary earth orbit	地球静止轨道
36	GIS	geographic information system	地理信息系统
37	GLONASS	Global Navigation Satellite System	格洛纳斯导航卫星系统
38	GNSS	global navigation satellite system	全球导航卫星系统
39	GPS	Global Positioning System	全球定位系统
40	GPST	GPS time	GPS 时

续表

序号	缩略语	全称	中文
41	GRACE	gravity recovery and climate experiment	重力恢复和气候实验
42	HAS	high accuracy service	高精度服务
43	IERS	International Earth Rotation and Reference Systems Service	国际地球自转和参考系统服务
44	IGS	International Global Navigation Satellite System Service	国际导航卫星系统服务
45	IGSO	inclined geo-synchronous orbit	倾斜地球同步轨道
46	IOV	in-orbit validation	在轨验证
47	IRNSS	Indian Regional Navigation Satellite System	印度区域导航卫星系统
48	ITRF	international terrestrial reference frame	国际地球参考框架
49	ITRS	international terrestrial reference system	国际地球参考系统
50	IUGG	International Union of Geodesy and Geophysics	国际大地测量学与地球物理学联合会
51	JCET	Joint Center for Earth Systems Technology	美国地球系统技术联合中心
52	LLR	lunar laser ranging	激光测月
53	MEO	medium earth orbit	中圆地球轨道
54	MSAS	multi-functional transport satellite-based augmentation system	日本星基增强系统
55	NASA	National Aeronautics and Space Administration	国家航空航天局
56	NASA/GSFC	NASA Goddard Space Flight Center	美国国家航空航天局戈达德太空飞行中心
57	NGA	National Geospatial-Intelligence Agency	美国国家地理空间情报局

续表

序号	缩略语	全称	中文
58	NIMA	National Imagery and Mapping Agency	美国国家影像制图局
69	NNR	no net rotation	无净旋转
60	NSDI	National Spatial Data Infrastructure	国家空间数据基础设施
61	NUVEL-1A	northwestern university velocity-version 1A	西北大学速度场1A版
62	OS	open service	开放服务
63	PB1999/2000/2002	plate boundaries 1999/2000/2002	板块边界模型1999/2000/2002
64	PRARE	precise range and rangerate equipment	精密测距测速系统
65	PRS	public regular service	授权服务
66	QZSS	Quasi-zenith Satellite System	日本准天顶导航卫星系统
67	SAR	search and rescue	搜救服务
68	SA	selective availability	选择可用性
69	SDCM	system for differential corrections and monitoring	俄罗斯差分校正和监测系统
70	SINEX	solution independent exchange format	独立于解的可交换格式
71	SLR	satellite laser ranging	卫星激光测距
72	TAI	international atomic time	国际原子时
73	TCG	geocentric coordinate time	地心坐标时
74	TDB	barycentric dynamical time	质心力学时
75	TDRSS	tracking and data relay satellite system	跟踪与数据中继卫星系统
76	TDT	terrestrial dynamical time	地球力学时
77	TRF	terrestrial reference frame	地球参考框架
78	TT	terrestrial time	地球时
79	UTC	coordinated universal time	协调世界时

序号	缩略语	全称	中文
80	UT	universal time	世界时
81	UTM	universal transverse Mercator projection	通用横墨卡托投影
82	VLBI	very long baseline interferometry	甚长基线干涉测量
83	WAAS	wide area augmentation system	美国广域增强系统
84	WGS-84	world geodetic system 1984	1984 世界大地测量系统